히딩크 리더십과

손자병법

히딩크 리더십과

손자 병법

박찬웅 지음

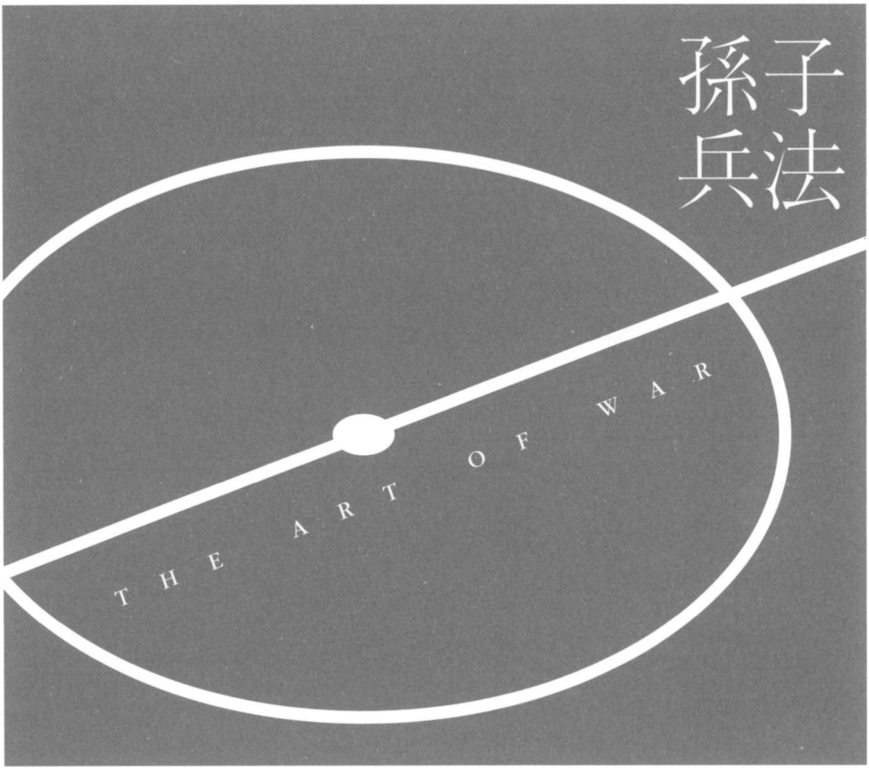

시간여행

전쟁이란 나라의 중대한 일이다.
죽음과 삶의 문제이며
존립과 패망의 일이니 살피지 아니할 수 없다.

– 손무

들어가는 말

우리나라 축구사에서 지난 2002년은 결코 잊을 수 없는 해였다. 그해 우리 한국 축구대표팀은 역사상 전무후무한 월드컵 4강이라는 쾌거를 이루었기 때문이다. 당시 한국이 일본과 함께 주최국으로서 홈그라운드의 이점을 활용하여 좋은 성적을 거둘 것이라고 예상한 사람은 많았으나, 4강까지 진출할 것으로 예상한 사람은 국내외에 아무도 없었다.

우리는 4강 진출을 기적이라 불렀다. 그 기적이 이루어지는 과정에서 히딩크가 선수를 선발하여 조련하고 경기를 운영해 나간 리더십은 우리에게 큰 시사점을 주었다. 그의 리더십이 4강까지 이끌게 된 원동력이었음은 누구도 부인할 수 없을 것이다.

다만 2002년 이후로 국내 축구팬의 기대치가 높아진 만큼 한국 축구의 수준도 크게 향상되었으나, 월드컵에서 연속된 성적 부진으로 국민의 높아진 기대치를 충족시키지 못하였고 일부에서는 히딩크 이전의 시대로 돌아갔다는 혹평도 있었던 게 사실이다. 그간 많은 감독이 성적 부진에 따른 문책성 해임을 당하는 등 국가대표팀 감독의 잔혹사가 발생하기도 했다.

이제 20여 년이 지난 시점에서 우리나라 축구 역사상 가장 빛난 결과를 가져왔던 2002년 한일월드컵을 돌아봄으로써 과연 히딩크 감독은 어떤 전략 전술을 발휘하여 대표팀을 이끌었는지, 어떤 과정을 통해 위대한 성공을 만들어 냈는지 살펴보고 착안할 것이 있다면 참고할 필요도 있을 것이다.

히딩크 리더십의 성공은 누구도 넘볼 수 없는 강력한 카리스마와 축구에 관한 전략 전술을 자유자재로 구사할 수 있는 지략이 뒷받침되었음을 알 수 있다.

그가 구사하였던 전략 전술은 지금으로부터 약 2,500년 여 전부터 현재에 이르기까지 최고의 전략가라 불리는 손무(孫武)에 의해 쓰인 손자병법에서 그 비밀을 찾을 수 있다.

히딩크가 변방의 오지, 한국 축구를 세계의 중심 4강의 자리에 올려놓았던 그 과정에 대해서 그간 경영학이나 리더십 측면에서는 많은 책자나 리포트를 발간하여 잘 알려져 있으나, 국가의 존망이 달린 전쟁터에서 적용하는 병법이자 전략서인 손자병법으로 풀이한 책은 찾아보기 어려웠다.

손자병법은 중국 춘추시대의 전쟁에 적용하였던 과거만의 책략서가 아니다. 오늘날 현대 사회의 모든 분야에서 접목할 수 있는 전략 전술의 근본 사상과 토대를 제공해 주는 승리를 위한 지침서로써 매우 유용한 내용이다.

따라서 이 책에서는 손자병법에 나오는 주요 구절의 내용과 의미를 알기 쉽게 설명하고, 히딩크가 대표팀을 선발하고 조련하여 경기에 투입해 전략 전술을 구사하였던 여러 가지 사례와 대표팀 조직을 관리하고 운영해 나갔던 각종 사례를 뉴스 기사와 분석문서, 책자 등을 통해 사실을 확인하여 제시하였다.

우리가 살아가는 이 세상은 함께 더불어 살아가는 것이지만 그 과정에서 개인이든 조직이든 경쟁을 피할 수는 없다. 그 경쟁에서 우위를 차지하고 승리하기 위해서는 전략적 마인드와 전술적인 행동을 요구한다.

따라서 이 책에서는 그러한 전략 전술적 생각과 행동을 할 수 있는 토대를 제공하기 위해 히딩크와 관련된 각종 사례를 손자병법의 핵심구절과 접목하여 설명함으로써 '히딩크의 흥미로운 축구 이야기'와 '손자병법'에 관해 이해하며 지혜로운 삶을 도모하기 위한 나름 일거양득의 효과를 얻을 수 있도록 했다.

아울러 일러둘 말은, 세 사람이 길을 가다 보면 그중에 반드시 스승이 될 사람이 있다(三人之行 必有我師), 선도 악도 모두 내 스승이다(善惡皆吾師), 다른 사람의 사소한 언행이라도 나에게 교훈이나 도움이 될 수 있다(他山之石)는 말이 있다. 또한, 영민하고 배우기를 좋아하는 사람은 아랫사람에게 물어보는 것을 부끄러워하지 않는다(敏而好學 不恥下問)는 말도 있다. 그래서 배우고자 하면 모든 것에서 배울 수 있다. 이 책에서 처세에 관한 조언들은 축구의 비전문가인 저자가 손자병법, 히딩크의 사례에서 간략하게 제시한 것이니 독자 여러분들의 뜻에 따라 취사 선택하면 된다.

아무튼, 독자 여러분과 온 국민이 함께 열광하고, 함께 행복했던 2002년 한일월드컵의 기쁨을 추억하며, 대한민국 축구의 부흥을 꿈꿔본다.

대 ~ 한 ~ 민국! 짝짝짝! 짝짝!

2023년 11월 30일
늦가을에 새로움을 꿈꾸며
박찬웅

손자와 히딩크의 리더십

손자는 지금으로부터 약 2,500년 여전 중국의 제나라 사람이었던 손무(孫武)이다. 그가 기원전 512년에 오자서의 추천으로 오나라의 왕 합려에게 몸을 의탁하면서부터 그가 저술한 13편 6,109자의 병법서가 세상에 빛나기 시작하였는데, 우리가 익히 알고 있는 『손자병법』이 바로 그것이다.

그는 춘추시대의 혼란한 군웅할거 속에서 양쯔강 하류 유역 일대에서 그 세력을 확장하고 있던 오(吳)나라의 왕 합려를 도와 초나라, 제나라, 진나라 등을 제패하고 월나라까지 제압하는 등 오나라를 명실상부한 강대국으로 일으키는 데 크게 이바지하였다.

다음은 그가 『손자병법』을 합려에게 보낸 후 오나라로 몸을 의탁할 때의 유명한 일화이다.

오왕 합려는 손자를 처음 접견하면서 그의 용병술을 시험하고자 한 가지 제안을 한다.

"손공의 병법서는 참으로 훌륭하오. 그렇다면 손공은 아무리 약한 병사라도 강한 군대로 만들 수가 있다는 것이요?"

손자는 자신감에 찬 어조로

"그렇습니다. 할 수 있습니다."

그러자 오왕 합려는

"좋소, 그렇다면 우리 궁궐의 궁녀들도 그렇게 만들 수 있다는 것이오?"

"물론입니다. 다만 그들에 대한 군령권을 제게 주신다면 얼마든지 그렇게 할 수 있습니다."

그러자 오왕 합려는 손자에게 군령권을 주고 궁녀 180명을 궁궐 뜰에 집합시켰다. 이에 손자는 궁녀들을 두 개의 부대로 나누고, 합려가 총애하는 두 궁녀를 각각 지휘자로 임명한 후 자신의 명령에 따를 것을 지시하였다. 그 훈련은 제식훈련이었는데, 궁녀들은 아무도 손자의 지휘를 따르지 않았다. 오히려 지휘하는 손자를 보면서 깔깔대며 웃기만 했다.

그러자 손자는 두 번째 명령을 한 후 "군령이 분명치 않은 것은 장수의 잘못이다."라고 하면서 세 번째 명령을 내렸지만, 궁녀들은 여전히 깔깔대며 따르지 않았다. 이에 손자는 "군령이 분명한데도 따르지 않는 것은 병졸들의 잘못이다."라며, 추상같은 목소리로 "나는 지휘관으로서 너희들의 잘못을 엄격한 군령으로 다스리겠다. 장졸들은 당장 저 지휘자 궁녀 두 사람의 목을 베어라"라고 명령하였다.

명령을 받은 장졸들은 즉각 두 궁녀를 포박하고 목을 베려고 하였다. 이때, 오왕은 "손공, 과인이 손공의 용병이 어떤지 잘 알았소. 그 두 궁녀는 내가 총애하는 사람이니 풀어 주시오."라고 말하였다. 그러나, 손자는 "폐하, 폐하께서는 제게 군령권을 주셨고 이 두 궁녀는 지휘관의 명령을 어겼으니, 마땅히 군령을 어긴 죄로 벌을 받아야 합니다."라면서 "장졸들은 어서 저 두 궁녀의 목을 베어라!"라고 명령하여 두 지휘자 궁녀의 목이 달아나 버렸다.

합려는 그만 총애하던 두 후궁을 순식간에 잃어버리고 말았다. 자기가 스스로 제안한 일이라 내심 괘씸했지만 아무런 말도 못 하였다. 그 후 손자는 다시 궁녀들을 훈련했는데 모두 최정예 군대처럼 군기가 바짝 들었다.

"우향우!"

"좌향좌!"

오왕 합려의 궁궐에서는 이 세상에서 가장 군기가 센 궁녀의 군대가 탄생한 것이다.

이처럼 손자는 합려가 가장 총애하는 궁녀를 즉각 처형하여 일벌로써 백계하고, 엄정한 군율을 세워 단시간에 훈련하여 시범을 보인 일화는 너무도 유명하다.

1998년 프랑스 월드컵에서 우리나라는 예선전 상대였던 네덜란드에 5-0이라는 참담한 패배를 당했다. 그 당시 네덜란드의 감독이었던 거스 히딩크(Gums Hiddink)는 1946년 11월 8일

네덜란드의 두팅헴에서 태어나 네덜란드 국내 리그와 미국 등지에서 선수로 생활하고 에인트호번, 스페인의 발렌시아, 레알 마드리드 등 유명한 팀의 감독을 두루 역임하였으며, 네덜란드 국가대표팀 감독에 이어 2000년 12월부터는 우리나라 대표팀 감독을 맡으면서 축구에 있어서 대단한 전략적, 전술적 수완을 발휘하였다.

1998년 프랑스 월드컵에서 우리에게 무참한 패배를 안겨준 장본인이었던 그는 2002년 월드컵에서 우리에게 결코 잊지 못할 엄청난 선물을 주었다. 월드컵에서 1승과 16강 진출이라는 너무나 소박한 한국 축구의 간절한 꿈을 실현하였고, 차마 기대하지 않았던 8강에 이어 4강까지 진출함으로써 아시아뿐만 아니라 세계 축구 역사를 다시 쓰게 한 장본인, 그가 바로 거스 히딩크(Guus Hiddink)이다.

히딩크를 손자에 견줄 만한 전략가라고 말하지는 않겠다. 다만 그는 손자와 매우 많이 닮았다. 손자는 자신이 태어난 제나라를 떠나 강력한 제후국에 둘러싸인 오나라로 망명하여 오나라를 강대국으로 일으켜 세웠다면, 히딩크는 세계 축구의 변방이자 오지이며, 늘 유럽 축구에 주눅들어 힘없이 패배하던 한국 대표팀의 감독이 되어 유럽 축구 강호들을 차례로 격파하고 유럽과 세계를 향해 '한국은 더는 축구의 변방국이 아니다'라며 4강 고지에 올려놓은 점이 그러하다.

또한, 손자가 오왕 합려가 총애하던 궁녀를 처형하여 군율을 세운 것이 유명하다면 히딩크는 한국 축구의 대들보인 홍명보를 '몸이 안 되어 있다'라는 이유로 1차 대표팀 발탁 명단에서 제외함으로써 엄청난 반향을 일으켰다. 그의 축구 철학에 부응하지 못할 선수라면 그가 누구이던지 제외할 수 있음을 보여주었다. 이를 통해 송종국, 이천수, 박지성 등 젊은 선수들의 투쟁심을 불사르게 하고, 팀에 엄청난 활력을 불어넣은 점은 손자 못지않게 결단력 있는 리더십이었다.

그뿐만 아니라 손자가 활동하였던 그 당시, 다른 제후국에서는 전투원을 '사(士)' 이상의 계급(당시 각 제후국에서는 제후(諸侯), 경(卿), 대부(大夫), 사(士), 민(民)으로 신분을 구분했음) 만이 참가할 수 있었지만, 오나라의 손자는 모든 백성을 전투원으로 활용함으로써 병력의 수나 인재를 많이 확보할 수 있었다. 히딩크가 부임한 후 만연해 있던 학연, 지연에 얽매인 선수선발을 타파하고 유명세보다는 실력에 의한 선수선발 등은 손자의 그것과 비슷하다.

그러나 무엇보다도 그의 축구 철학이다.

그는 '경기를 지배하여 결판 짓는 플레이'를 자신의 축구 철학이라 했다. 경기를 지배한다는 것은, 경기 내내 주도권을 갖고 상대팀의 경기운영을 방해하고, 내가 의도한 대로 상대가 따라올 수밖에 없도록 강요한 후 결정적인 기회에 골을 넣고 결판을 지어 이긴다는 점에서 이른바 손자의 세(勢) 사상과 비슷하다.

손자는 '세(勢)'라는 것은 이로움에 따라 상황에 맞게 여러 가지의 필요한 조치를 취하여 주도권을 장악해 나가는 것(勢者

인 리 이 제 권 야
因利而 制權也)이라 하였는데, 여기서 손자가 말한 제권(制權)이 바로 주도권의 장악이다. 전장의 각종 불확실한 상황들에 대해 적시 적절한 조치를 해나가면서 그 상황을 자신에게 유리하게 만들고, 자신이 의도한 대로 적이 끌려올 수밖에 없게 하는 것을 의미한다. 히딩크가 경기를 지배(dominate)하다가 기회가 오면 결정짓는(kill) 축구 전략을 선호하는 것도 바로 이런 점에서 닮아있다.

차례

제11편 구지 九地 : 모든 수단으로 대응하라

제12편 화공 火攻 : 조건에 맞게 행동하라

제13편 용간 用間 : 정보전에서 이겨라

THE ART OF WAR

시계

始計

싸우기 전에 미리 헤아려보라

시계(始計)

근본적인 계책의 시작이라는 의미로
전쟁 대비의 중요성을 강조하고,
국가가 기본적으로 갖추어야 할 다섯 가지 국력 배양의 요소와
일곱 가지의 계로써 국력을 비교 평가하는 등
전쟁을 계획하여 시작하기 전에 깊게 살펴봐야 할 것들과
속임수라는 의미의 궤도를 용병의 본질로
구체적인 방법을 제시하고
전쟁 개시 결정의 신중성을 다루었다.

01.

한마음 한뜻으로 일치단결 하라

전쟁을 비롯하여 조직이나 개인의 명운이 걸린 경쟁은 국가나 조직 그리고 개인에 있어서 생사와 존망이 달린 가장 중대한 문제로서 깊게 살피지 않을 수 없다. 만일 그 경쟁에서 패배하면 치열한 경쟁 상황에서 다시는 재기하기가 어려울뿐더러, 설령 재기하더라도 경쟁력을 갖추기 위해서 이전보다 더 많은 시간과 노력이 필요하므로 어쩌면 그 경쟁의 장에서 패자의 이름이 영원히 사라질 수도 있다. 그래서 생사가 달린 경쟁에서는 무조건 이겨야 한다.

그 경쟁에서 생존하기 위하여 실력을 갖추어야 함은 물론 지지 않기 위한 모든 수단과 노력을 다해야만 살아남을 수 있다.

그래서 경쟁을 하기 전에 경쟁 상대와의 승패를 판단해 보기 위한 비교 요소를 도출하여 유불리를 점검해야 한다.

손자는 전쟁은 국가의 중대사이니 다섯 가지 요건으로서 국력의 기본을 배양하기 위하여 경영하고, 일곱 가지 계로써 비교하여 그 정세를 파악해야 한다고 했다. 그 다섯 가지 요건으로 도·천·지·장·법(道·天·地·將·法)을 제시하였는데, 국력의 필수 요소이자 전쟁 수행의 기초로서 평소에 배양해야 한다는 것이다.

여기에서 도(道)라는 것은 올바른 도리와 명분(백성과 임금이 뜻을 같이함, 생사를 같이함, 위험을 두려워하지 않음)이며, 천(天)은 하늘의 요소(음과 양, 추위와 더위, 천기, 천시 등)이다. 지(地)는 지리(멀고 가까움, 험하고 평탄함, 넓고 좁음, 생지와 사지)를 이름이요, 장(將)은 장수(지혜, 신의, 어짊, 용맹, 엄정)이며, 법(法)은 군대의 조직이나 규율(편성과 지휘통신, 인사, 도로 및 수송, 장비 및 보급 등)을 말하는 것으로서 국력 배양의 요소이므로 장수들이 이것을 잘 아는 자는 승리하고, 잘 모르는 자는 승리하지 못한다고 했다.

이 중 도(道)는 전쟁 개시의 이유와 명분이 타당하고, 지도부의 도덕성에 대한 국민의 지지와 공감대를 형성하여 일치단결

한다면, 비록 생사가 오가는 치열한 경쟁 속에서도 상하 구성원 모두가 지도자를 중심으로 뭉쳐(令民 與上同意) 가히 죽을 수도(可與之死), 가히 살 수도(可與之生) 있는 마음가짐과 태도로 국민이 위험을 두려워하지 않고(而民不畏危也) 극복할 수 있다는 것이다.

한국축구팀에게 가장 큰 대의(道)는 무엇이었던가. 월드컵 본선 도전 48년사에 단 한 번도 본선 첫 승을 이루지 못했던 대표팀이 월드컵 역사상 처음으로 우리 땅에서 치러지는 홈 경기의 이점을 안고 새 역사를 써야 한다는 국민적 열망과 함께 대표팀 감독의 자신감, 그리고 선수들의 굳은 의지가 한데 어우러진 일치단결된 마음이었다. 그야말로 영민 여상동의(令民 與上同意)하여 붉은악마를 비롯한 온 국민의 열화와 같은 성원 하에 경기에 임할 수 있었다.

선수들은 가히 운동장에서 함께 살고 함께 죽을 수 있다는 각오로 매 경기에 최선을 다했다. 특히, 16강 진출이 확정된 후 히딩크는 "비겨도 16강에 진출하지만 우리는 그런 경기를 원하지 않았다."라며 한마음 한뜻으로 응원해준 국민과 자신의 지도 방법에 잘 따라준 선수들에게 감사한 마음을 표했다.

그러나 이탈리아를 꺾고 8강행을 확정한 다음 날 점심 식사 중에는 "도대체 지금 뭐 하고 있는 거냐? 월드컵이 다 끝나기라도 한 것이냐?"며 호통친 일화는 유명하다. 8강까지 진출하자 일부 선수들이 그정도의 성취에 만족하여 안일하고 해이해진 태도를 보인 것에 격노한 것이었다.

월드컵이 종료된 후에는 한국 축구가 높은 수준에 도달하기까지 선수들은 많은 희생을 감내하였고, 감독의 높은 요구를 잘 따라왔으며 정말 열심히 훈련했다고 하면서 자신감을 얻었다고 회고하였다.

월드컵이 있었던 2002년 6월 한 달은 한반도를 뜨겁게 달구었다. 붉은 악마들의 목이 터지라 외쳐대는 응원가와 온 국민의 성원도 태극전사에게 고스란히 전달되어 큰 힘을 주었다. 남녀노소와 지역, 시간을 불문하고 대한민국은 붉은 물결 아래 온 국민과 태극전사가 한마음 한뜻으로 일치단결하였다.

그리고 그 한가운데에는 세계적인 명장이자 기적을 일구어 낸 대표팀 감독이 있었고, 그와 대표팀 선수 그리고 대한민국 국민 모두는 전무후무한 월드컵 도전사에 찬란한 기록을 남기었다.

02.

장수론으로 본 히딩크

모든 조직은 리더와 구성원이 있으며 리더는 자신이 발휘하는 리더십을 통하여 조직의 목표 방향으로 이끌어 간다. 그의 리더십은 조직의 성패에 영향을 미치는 요인 중 가장 중요하고 결정적인 요소이다.

특히, 나라의 존망이 달린 전쟁에서 그 전쟁을 이끄는 장수의 자질은 더없이 중요하다. 그래서 손자는 전쟁은 국가의 중대사이니 다섯 가지 요건으로써 국가의 기본을 경영하고, 일곱 가지 계로써 비교하여 그 정세를 파악해야 한다고 강조하면서, 다섯 가지 요건인 도·천·지·장·법(道·天·地·將·法) 속에 장수의 요건을 포함했다. 그리고 손자는 장수가 오로지 백성을 보호하고 임금에게 득이 되는 것만을 생각한다면(唯民是保而利於主) 이런 장수는 나라의 보배(國之寶也)라 하였다.

마찬가지로 일반 사회조직에서 리더가 갖춘 자질과 덕목에 따라 조직의 성패를 좌우함으로써 그 중요성은 더할 나위 없다.

여기에서는 손자병법에서 제시한 장수가 갖추어야 할 덕목과 히딩크가 장수로서 대표팀을 이끌었던 사례를 접목하여 알아보기로 한다.

손자는 장수의 자질과 덕목을 지(智), 신(信), 인(仁), 용(勇), 엄(嚴)의 5가지로 제시했다. 무릇, 장수는 전장의 전체 상황을 꿰뚫어 보고 상황에 따라 적절한 조치를 할 수 있는 지혜(智)와 상하 및 동료 간에 눈빛만 봐도 마음이 통할 수 있는 신의(信), 부하의 실수를 너그러이 덮어줄 수 있는 어진 마음(仁), 그리고 위기의 순간에도 냉정함을 잃지 않고 태연하며 결단력이 돋보이는 용기(勇)와 어떠한 상황에서도 엄정한 규율을 유지하여 위엄과 권위가 살아있는 엄정함(嚴)을 장수가 갖추어야 할 기본 요건으로 보았다.

대한축구협회가 히딩크를 국가대표팀 감독으로 선임할 때

손자의 장수론을 고려하여 발탁하지는 않았겠지만, 다음의 내용을 보면 히딩크의 발탁은 손자의 장수론과 거의 일치한다.

먼저 지혜(智)로운 장수이다.

지혜로운 장수는 보통 사람이라면 누구나 놓쳐버릴 문제를 남들보다 먼저 파악하여 적절하게 대응할 임기응변과 조치할 능력, 상대를 압도할 지략을 갖춘 장수이다. 히딩크는 한국 축구 48년의 도전사에서 단 한 번도 이루지 못했던 것을 그의 새로운 도전과 시도를 통해 불과 500여 일 만에 이루었다.

히딩크는 축구의 기본은 기술이지만 체력과 스피드가 뒷받침되어야 한다면서, 한국팀의 가장 큰 문제를 전술로 파악하여 공격, 미드필드, 수비진과의 관계 설정과 선수들 간의 관계 수립을 통해 역량을 올려야 함을 역설했다. 그래서 그는 체계적인 프로그램을 도입하고 유럽 강팀과의 경기 경험으로 자신감과 도전의식을 갖추게 하였다. 그리고 선수들에게 강한 수비력과 함께 경기 자체를 통제할 수 있는 능력을 길러주었다.

지금까지 우리가 인식한 한국 축구는 체력은 매우 강한데 기술이 뒤떨어져서 매번 실패했다고 분석하였다. 그러나 히딩크의 분석은 놀랍게도 그와 정반대였다. 즉, 한국 선수들은 빠른 스피드와 함께 오른발, 왼발을 모두 잘 쓰며 기술에서도 절대 뒤떨어지지 않는데, 전술적인 문제와 함께 이를 뒷받침할 체력이 급격하게 떨어지기 때문에 오히려 체력을 강화하고, 전술훈련을 해야 한다고 본 것이다.

이러한 그의 시각은 체력강화 프로그램으로 이어졌고 세계 축구의 싸움터에서 새로운 전법인 '한국형 압박축구'를 구사한 것이다.

히딩크는 한국형 압박축구를 구사하여 체력이나 기술면에서 우리보다 월등히 우세한 유럽 팀을 상대로 시종일관 강력한 압박과 빠른 속도의 축구를 통해 경기를 지배하고 4강의 신화를 이룩했다.

그는 선수들에게 지혜로운(영리한) 플레이를 요구하였다. 감독으로 부임하자마자 선수들에게 몸만 뛰지 말고 머리도 함께 뛰라고 강조했다. 그는, 축구에서 이기려면 선수들은 현명해야 한다면서 생각 없이 플레이하면 도저히 살아남을 수 없으므로 이젠 전략을 구사하는 방법에서 아주 현명할 것을 요구한다고 말하면서 생각하는 축구, 지혜로운 축구를 지향했다.

둘째는 신의(信) 있는 장수다.

장수와 부하 간에, 그리고 동료 간의 믿음은 싸움터에서 백절

불굴의 용기를 발휘하는 근간이다. 따라서 팀의 단합과 조직력은 상호 신의를 바탕으로 하여야 한다.

히딩크가 이끄는 한국 축구는 선수들의 전천후 멀티플레이를 요구하기 때문에 더욱 서로 간의 믿음이 필수다. 특히 선수들은 공격수가 수비까지 가담하는 등 어떠한 포지션에서도 자신의 역할을 충분하게 발휘할 수 있는 능력을 갖추어야 하고, 그러한 능력이 갖추어졌다고 상호신뢰할 수 있을 때 비로소 전술적 완성도도 갖출 수 있다고 본 것이다.

이러한 신의는 상호 의사소통을 원활하게 이룬다면 더욱 두터워 진다. 그래서 히딩크는 경기 중에 큰 소리로 말하고, 고함을 지르라고 한다. 그리고 식사 시간에 선·후배 간 같이 앉아서 대화하라고 강조하며 선수들끼리 형이라는 호칭을 사용하지 못하게 하였다. 즉, 나이에 따라 서열을 따지면 경기 중 의사소통에 오히려 문제가 생긴다고 본 것이다.

히딩크는 의사소통을 팀워크의 가장 중요한 요소이자 전력 향상의 필수 요소로 보았다. 그는 상명하복식 의사소통을 양방향 의사소통으로 바꿔야 완벽한 팀워크를 이루어 만족한 결과를 얻을 수 있다고 본 것이다.

그래서 히딩크는 의사소통으로 팀의 신뢰를 다지고, 팀플레이로 훈련하여 전술 완성도를 갖추어 나갔다. 일부 스타 선수들의 개인플레이나 튀는 행동을 절대 용서하지 않았는데, 그것은 개인보다 팀의 조직력을 더 중시하는 감독의 의지였다.

2001년 두바이 4개국 대회에서 UAE에 4 : 1로 이긴 후 대한 축구협회에서 격려금을 주려고 할 때, 그는 선수나 코치진에게 동일하게 나누어 달라고 주문하였다. 그리고 월드컵 때까지 23명 선수 전원이 신문과 방송에 나갈 수 있도록 해 달라. 한 번 인터뷰한 선수는 앞으로 더 이상 공식 인터뷰할 수 없다고 하여 선수들의 인터뷰까지도 공정하게 배려하였다.

그래서 선수들도 히딩크를 신뢰하였다.

홍명보는 히딩크가 실시한 일련의 훈련을 경험하면서 '월드컵에서 뭔가 해낼 수 있을 것 같다.'라는 확실한 믿음을 갖게 되었다고 했다. 또한, 포르투갈과의 16강전에서 결승 골을 성공시킨 박지성이 히딩크에게 달려가 얼싸안기는 모습은 감독과 선수 간의 신뢰가 없었다면 결코 볼 수 없는 장면일 것이다.

히딩크는 대표팀 감독으로 취임할 때부터 스탭진과 선수들에게 자신의 축구 스타일을 명확하게 제시하였고, 모든 선수가 이해하고 따르도록 하여 조직력을 향상했다. 또한, 특유의 카리스마와 친화력으로 스탭진을 비롯한 선수들과의 친밀한 신뢰 관계를 형성했다. 네덜란드 드 텔레그라프와의 인터뷰에서 그는 외출하는 젊은 선수들이 자신의 승용차 열쇠를 집어갈 정도로 친해졌다면서 그들의 순수함에 반했다고 하였다.

이처럼 장수와 부하, 감독과 선수 간의 상호 신의는 전승을 위해 갖추어야 할 덕목이자 장수의 기본 리더십이다.

셋째는 어진(仁) 장수이다.

어진 마음은 부하의 종기를 입으로 빨아내 줌으로써 부하가 목숨을 바쳐 충성하였다는 오기 장군의 일화(일부에서는 오기 장군이 부하의 충성심을 끌어내기 위해 의도적, 계획적으로 한 행동이라고 봄)에서처럼 부하로부터의 진심 어린 충성을 끌어내는 장수의 자질이다. 부하의 사소한 잘못을 너그러이 감싸 안아주고 관대하게 처결하는 것은 부하의 진심 어린 반성을 유도하여 다음에 더욱 큰 전공을 세울 수 있는 계기를 마련한다는 것이다.

히딩크는 카리스마가 넘쳤지만 어진 장수였다. 그는 두바이 4개국 대회 기자회견에서 자신은 선수들을 칭찬하지만, 비난은 하지 않으며 잘못을 지적하고 야단을 치는 것은 팀 내부에서만 한다고 했다. 그것이 자신과 선수들 간의 약속이고 신의

라면서 선수들을 배려하였다.

특히, 미국전과 이탈리아전에서 절호의 득점 기회인 페널티킥에서 이을용, 안정환 선수가 실축했어도 결코 그를 탓하거나 선수교체 등의 제재를 가하지 않았다. 오히려 그들에게 더욱 분발할 기회를 제공하여, 동점 골의 어시스트와 골든골을 기록하게 한 어진 지도력을 발휘하였다.

홍명보는《영원한 리베로》에서 이처럼 회고하기도 했다.

"한국 지도자들은 하프타임 때 플레이가 맘에 들지 않은 선수를 향해 눈물이 찔끔 날 만큼 질타한다. 물론 정신 바짝 차리라는 의도이며 이것이 효과를 내 후반에 잘할 수도 있다. 하지만 선수들은 심리적으로 위축될 수밖에 없고 이런 일이 반복되면 결국에는 좋은 결과를 가져온다고 장담할 수 없다. 하지만 히딩크 감독님은 전반에 일어난 전체적인 포인트를 한두 개 잡아서 지적하고 그만둔다. 개인에 대한 지적이 아니라 11명이 같이 들을 수 있도록 한다는 것이다. 〈중략〉 히딩크 감독님은 선수들이 스스로 판단하는 능력을 길러 주는 지도자라 할 수 있다."

-《홍명보, 영원한 리베로》, 2002.2.25., p.132〉

이처럼 히딩크는 한 선수의 실수를 꼬집어 비판하기보다는 팀 전체 조직력의 빈틈을 찾아서 비판한다. 즉, 한 선수의 실수는 팀 전체의 조직력 문제에서 온 것이라 믿었기 때문이다.

특히, 미국전에서 이을용의 페널티킥 실축에 대해서도 히딩크는, 선수들이 페널티킥을 수백 번 연습했으나 실전은 전혀 상황이 다르며 이을용은 연습에서 전혀 실수하지 않는 선수라며, 비록 실패했지만 다 경기의 일부분이라 감싸주었다. 그러면서 1994년 월드컵 때 이탈리아의 최고 스타 로베르토 바조도 그랬고, 1990년 월드컵 때는 자신의 모국 네덜란드도 페널티킥을 놓쳐 8강에서 탈락했던 사례를 말하고, 모두 경기 일부일 뿐이니 기죽지 말라며 오히려 격려하였다.

이처럼 선수들의 입장을 배려해하는 어진 통솔력으로 그 어느 선수도 그의 훈련방식과 게임 운영에 불만과 불평을 한 적이 없었다.

이영표는 히딩크 감독이 강한 것보다 부드러운 것이 더 위대하다는 것을 깨닫게 해줬다면서 지금까지 경험한 한국 지도자들은 복종하는 훈련을 강요했지만, 히딩크 감독은 그렇지 않았다. 함께 이야기할 수 있었고 같이 짜증 낼 수 있었다. 항상 부드러운 분위기를 만들어 준 덕분이다. 히딩크 감독은 (설)기현이 같은 친한 친구였다고 했다.

넷째는 용기(勇) 있는 장수이다.

이런 장수를 흔히 용장이라 한다. 진정한 의미의 용장은 앞이 보이지 않는 칠흑 같은 어둠에서도 희미한 한줄기 불빛을 보고 그곳까지 부하들을 이끌어 가는 과감한 결단력이며 어떠한 어려움에서도 침착함을 잃지 않는 장수이다.

히딩크는 월드컵에서 단 한 차례의 승리도 하지 못했을 뿐만 아니라 세계적으로 유명한 선수조차 한 명 없는 한국팀의 감독을 수락하였고, 홍콩 칼스버그컵 대회에서나 컨페더레이션스컵, 그리고 북중미 골드컵 대회에서 한국팀의 성적이 기대 이하로 저조해지자 불같이 일어나는 히딩크 비관론 앞에서도 결코 좌절하거나 가고자 하는 길을 멈추지 않았다.

오히려 당당한 소신을 밝혔다.

"월드컵 준비과정일 뿐이며 지더라도 강팀과 계속 경기를 해야 한다."

부임 전 인터뷰에서 그가 밝힌 바와 같이 희미한 불빛과도 같은 작은 희망을 보았고, 그 작은 희망을 이루게 할 자신감과 용기를 갖고 있었다.

"한국 선수들이 모두가 열심히 뛰는 데 강한 인상을 받았다. 전체적인 사기, 투지, 근성 등에서는 큰 문제가 없다고 생각한다. 한국팀의 가장 큰 문제는 전술이다. 현대축구의 핵심 사항을 잘 알고 창조적으로 흡수한다면 지금과는 전혀 다른 질적인 발전을 이룰 수 있을 것으로 믿는다."

핌 베어벡 수석코치도 히딩크는 16강 진출에 대한 믿음이 없었다면 서울에 오지도 않았을 것이라 말한 적이 있다.

이탈리아전에서 전반에 다친 수비수 김태영 대신 황선홍을 투입하고 이어 발목을 다친 김남일 대신 이천수를, 그리고 후반 종반 한국 축구 수비의 핵심 전력인 홍명보를 공격수인 차두리와 교체하여 무려 5명의 공격수를 집중적으로 운용한 과감한 결단력과 용기는 용장인 그가 아니면 할 수 없는 결정적인 용병술이라 생각한다.

마지막으로 엄정(嚴)한 장수이다.

엄한 장수의 모습과 행동은 말로만 들어도 긴장이 될 것이다. 제갈공명이 마속 장군을 참하며 눈물을 흘렸다는 '읍참마속(泣斬馬謖)'의 전례에서와 같이 공과 사를 분명하게 구분하며, 군율을 어겼을 때는 그에 합당한 처벌을 함으로써 일벌백계하는 리더십의 한 부분이다.

히딩크는 자신을 신사적이라고 평가하는 것은 선수가 규칙과 규율을 지켰을 때 맞는 말이지만 그렇지 않을 때는 아니라고 하여 엄격한 규정 준수를 강조하였다. 그래서 그는 어느 포지션을 맡기더라도 소화해 낼 수 있는 멀티플레이어를 좋아하며 게으른 선수는 가차 없이 제외했다.

김도훈 선수는 히딩크 감독에 대해 그는 절대로 선수들을 질책하지 않고 선수가 스스로 깨닫도록 차근차근 설명하지만 한 번 기회를 줬는데도 그 기회를 잘 활용하지 못하면 그대로 끝장이라고 말하였다.

만일 그가 선수들에 대해서만 엄했다면 우리는 결코 그를 엄한 장수로 평가하지 않는다. 그는 스스로 팀워크를 위한 엄한 규칙을 정하고, 그것을 생명과도 같이 철저하게 지켰다. 그는 식사 시간엔 축구협회의 전화까지도 받지 말도록 지시하고, 네덜란드로부터 걸려 온 자신의 전화도 식사 시간이라며 받지 않았다는 이야기는 유명하다. 그는 '규율을 강조해 온 것이 지금의 나를 있게 했다'라고 한 바와 같이 원칙과 규정을 지키는 것이 그에게는 습관화된 일상이었다.

이처럼 히딩크가 엄정한 지도를 할 수 있었던 것은 그의 흔들리지 않는 소신의 산물이다. 박항서 코치는 히딩크 감독이 외국인이기 때문에 학맥·인맥 등과 관계없이 실력 위주의 선수를 선발하였고, 이 때문에 선수들이 더 열심히 한다고 했다. 히딩크 자신도 여론을 수렴하다 보면 내 축구 철학이 흔들릴 수 있고 전술적 완성도가 방해받을 수 있으므로 오로지 자신만의 길을 가겠다라며 끊임없이 자신이 가야 할 방향과 소신의 길을 굽히지 않도록 자신에게 엄격한 잣대를 적용하였다.

손자의 장수론인 지·신·인·용·엄(智·信·仁·勇·嚴)은 조직의 리더가 반드시 갖추어야 할 자질과 덕목이다. 히딩크 역시 손자의 장수론과 부합하는 리더십을 발휘하였고 이런 결과로 우리의 히딩크 선택은 대단히 현명했다고 말할 수 있을 것이다.

03.

축구도 궤도(詭道)이다

전쟁에서 패배할 경우 모든 것을 잃어버릴 수 있다. 그래서 전쟁에서 자유의지를 가진 적의 판단을 흐리게 하여 실책을 유도하기 위한 속임수 즉, 군사 기만이 매우 중요하다.

다만 일반적인 경쟁 관계에서도 마찬가지나 속임수는 생사와 존망이 걸린 승부의 장에서 한하여 일시적이고 부분적인 효과를 얻기 위해 사용할 수는 있을지언정 모든 사람을 항상 속이는 것은 사실상 불가능하다는 점을 간과해서는 안 된다.

그런데 정정당당한 경쟁 관계에서 우세를 차지하기 위하여는 경쟁 상대의 약점이나 빈틈을 노려서 그 지점에 자신의 우세한 경쟁력을 투입해야 승리할 수 있다. 그 빈틈은 상대가 미처 생각지 못했거나(不意) 미처 대비하지 못한(無備) 약점이라 할 수 있겠다. 이러한 빈틈은 상대로 인해 그냥 발생하기도 하지만, 만일 빈틈이 없다면 여러 가지 전략 전술을 통하여 상대방의 약점을 만들어 가는 것이 필요하다.

특히, 경쟁에서 상대를 이기기 위해서는 모든 사람이 다 아는 뻔한 방법으로 이기기는 쉽지 않다. 그래서 사람들은 다른 사람들이 잘 모르는 새롭고 창의적인 방법을 사용하려고 애를 쓴다.

일상생활에서 새롭고 창의적인 방법의 사용은 사회에서 정해진 규범과 도덕이라는 틀 속에서 타인에게 피해를 주지 않는 정당한 방법으로 사용해야 하고, 통상 속임수는 나쁜 의미이다.

그러나 전쟁에서는 다르다. 전쟁에서 승리 또는 패배로 나타나는 결과는 생과 사를 가르는 국가 존망의 문제이기 때문에 적이 다 아는 뻔한 싸움의 방식으로는 결코 이길 수 없다. 그래서 상대를 속임으로써 많은 피를 흘리지 않고 승리하는 방법을 추구한다.

손자는 전쟁에서 용병법 근본은 적을 속이는 행위, 즉 궤도(兵者 詭道也)로 보았다. 궤도는 여러 가지 가용한 수단과 방법을 총동원하여 적을 속이고 혼란케 하여 적이 정상적으로 자신의 힘과 전술을 발휘하지 못하도록 강요하는 용병의 술(術)이자 변화의 술(術)이다.

손자가 전쟁에서 승리할 수 있는 궤도의 비결로 제시한 것은, 할 수 있으면서도 할 수 없는 것으로 보이고(能而示之 不能), 쓸 수 있으면서도 쓸 수 없는 것으로 보이며(用而示之 不用), 가까우면서도 멀리 있는 것으로 보이고(近而示之 遠), 멀면서도 가까운 것처럼 보여야 한다(遠而示之 近)고 했다.

그리고 상대를 유인하고, 혼란에 빠뜨려서 격파하는데(利而誘之, 亂而取之) 적이 튼실하면 대비를 하고(實而備之), 적이 강하면 피하며(强而避之), 적을 성나게 하여 흔들어 놓고(怒而撓之), 나를 낮추어서 적이 교만하게(卑而驕之) 해야 한다고 했다. 또한, 적이 편안하면 힘들게 하고(佚而勞之), 적이 서로 친하면 이간시키며(親而離之), 적의 대비가 없는 곳으로 공격하고(攻其無備), 적이 예상치 못한 곳으로 공격(出其不意)해야 한다고 하였다.

축구에 있어서 궤도가 왜 필요한 것일까.

기본적으로 축구에서는 드리블 기술뿐만 아니라 맞춤전술이나 페널티킥에서도 현란한 볼 제어로 몸동작과 시선 처리를 통해 상대 선수를 속이는 동작이 기본이다. 우리가 알고 있는 일명 헛다리 짚기는 상대를 속이는 대표적 발기술이라 할 수 있다.

전술에서도 지난 98년 프랑스 월드컵에서 FIFA가 한국팀의 전력을 분석한 내용을 살펴보면 상대를 속이는 전술이 왜 필요한지 답을 얻을 수 있다.

한국은 양 윙백(유상철, 최성용)을 전혀 써먹지 못했다. 선수들은 빠르고 용맹스러웠으나 공격은 누구나 짐작할 수 있는 뻔한 것이었다. 그저 앞으로, 앞으로 골문으로만 돌진했지 공을 어떻게 골문에 넣는지 전혀 모르고 있었다. 그저 무턱대고 앞으로만 돌진하다가 어처구니없게도 한순간 허무하게 공을 빼앗겼다.

정말 한국팀은 공격수든 수비수든 상대에게 너무 쉽게 공을 빼앗겼다. 허리는 완전히 동강 나 수비에서 공격으로 전환할 때는 앞쪽으로 길게 공을 차주는 게 유일한 작전이었다. 그러나 어쩌다 넘겨주는 공마저도 발이나 머리에 제대로 맞추는 선수가 드물었다.

네덜란드전(한국 5 : 0 패배)은 그중에서도 최악이었다. 3-5-2전형을 구사했으나 양 윙백은 상대 압박에 밀려 거의 미드필드를 넘어서지 못했다. 이들의 고유 임무인 받아치기 공격은 꿈도 꾸지 못했다. 결국, 5-3-2전형이 돼버렸다. 슈팅, 드리블, 패싱, 헤딩력 등 모든 능력이 수준 이하였다.

-〈이동현·김화성, CEO히딩크, 2002.6.25., P.45〉

98년 프랑스 월드컵에서 한국팀이 보였던 전술상 취약점은 상대팀이 다 알 정도로 뻔하고, 정직한 것으로서 단 한 골의 득점도 어려웠다. 그래서 전장에서든, 축구장에서든 상대를 속일 수 있는 궤도가 필요한 것이다.

히딩크는 생각 없이 정직하게만 패스하는 선수에게 왜 가운데로만 가려고 하는지, 위험하지만 옆길로 가면 훨씬 더 빠른 길이 있는데 상대 수비수의 압박이 들어오는 곳에 볼을 주는 이유가 뭔지 설명해 보라면서질타했고, '그라운드에서 신사는 필요 없다. 반칙도 잘하면 전술이다. 기량이 뛰어난 세계 최고의 선수들도 안 보이는 반칙에 능하다'라며 정당한 반칙(?)을 권장하기도 하였다. 이처럼 히딩크는 정직하고 뻔한 전술의 문제점을 지적하면서 월드컵에서 다양한 변칙전술, 즉 궤도(詭道)를 사용할 것을 주문하였다.

우리가 속한 월드컵 D조에서 한국팀의 16강 진출을 예상한 사람은 아무도 없었다. 세계의 축구 전문가와 도박사들은 한국의 꼴찌를 예상했고, 히딩크 자신도 잉글랜드와의 평가전 직후, 한국은 객관적으로 D조에서 랭킹 4위라고 자평하였으며 한국이 포르투갈을 5 : 0, 6 : 0으로 이길 것을 기대하는 것은 현실적이지 않다는 것을 지적하였다.

물론 히딩크가 말한 직접적인 의도는 달랐을지라도 그와는 관계없이 결과적으로 한국팀은 D조에 속한 상대팀에게 결코 위협적으로 보이지 않았고 상대 선수들도 한국팀을 최약체로 평가하여 얕잡아 보았는데 결과적으로 나를 낮추어 적을 교만(비이교지 卑而驕之)하게 만든 것으로 볼 수 있다.

예를 들어 히딩크는 팀 전력에 대한 보안 관리를 철저히 하였다. 언론의 대대적인 보도로 공개된 각 나라 스타플레이어의 부상과 결장 소식은 상대팀의 전술 수립에 긴밀하고 유용한 정보이다.

프랑스의 지단이나 스페인의 라울이 부상으로 출전치 못한 것도 사전에 노출되어 상대팀의 전술을 수립하는데 요긴하게 활용했다.

그래서 히딩크는 부상선수의 상태에 관한 사항은 극비로 하여 함구시키고, 누구도 자신의 허락 없이 언론에 알리지 말 것을 강력하게 지시하였다. 이것은 쓸 수 있으면서도 쓰지 못하는 것처럼 보이게(용이시지불용 用而示之不用) 하려는 의도였다.

그리고 그가 부임 후 도입한 '플랫 스리백' 또는 '플랫 포백' 시스템은 3, 4명의 수비수가 서로 긴밀하게 협동을 하면서 최종 수비진용을 '일자(一字)'형으로 구축한 것인데, 이러한 수비전술은 상대팀에게 돌파가 유리할 것처럼 보이게 하여 상대의 스루패스나 월패스에 의한 공격을 오프사이드라는 덫으로 잡아내기 위한 것이었다.

무엇보다 히딩크는 고정포지션을 파괴함으로써 상대팀의 수비수들에게 누가 공격수이고, 누가 미드필더이며 수비수인지 분간할 수 없게 하여 정상적인 마크를 할 수 없도록 하였다.

스페인과의 전반전에서 김남일의 부상으로 이을용을 투입하자 이영표가 김남일의 중앙 미드필더로 이동하고, 후반에 (故) 유상철 선수가 이천수와 교체할 때 박지성이 이천수에게 우측 공격수 역할을 넘기는 등 여러 개의 포지션에 변화를 주면서 완전히 새로운 포메이션을 갖추었고, 연장전에서는 무거운 분위기를 반전시켜 경기의 주도권을 장악할 수 있었다.

이처럼 고정포지션 파괴는 스페인 선수들에게 혼란을 주어 체계적으로 대응하지 못하게 함으로써 '적에게 이로운 듯 보이게 하여 유인하고 적을 혼란케 하여 격파하라(利而誘之 亂而取之)'는 궤도를 구현하였다.

상대팀이 편안한 상태에 있으면 힘들게(佚而勞之) 해야 한다. 프랑스와 평가전에서 세계에서 몸값이 가장 비싸다는 지단을 꽁꽁 묶어놓아 제 기량을 발휘하지 못하게 한 것이나, 포르투갈전에서 평소 사용하던 지역 수비 스타일을 버리고 김태영에게 핵심 공격수인 주앙 핀투를 1 : 1 전담 마크를 시킴으로써 신경질적인 핀투가 박지성을 백태클하여 퇴장케 한 것 또한 변칙전술의 적용으로 궤도라 할 것이다.

궤도의 백미는 역시 적의 대비가 없는 곳을 공격하고(攻其無備), 적이 뜻하지 않는 곳으로 나아가야(出其不意)하는 것이다.

히딩크는 객관적인 전력에서 유럽의 강팀보다 월등히 약한 한국팀의 장점을 기동력과 정신력으로 보고, 정면 승부보다는 체력을 바탕으로 한 미드필드에서의 강력한 압박과 협력 수비로 주도권을 잡아, 순간적인 역습으로 승부를 가르는 이른바, 속공 축구를 승부수로 던졌다.

근본적으로 그라운드에서 11명의 선수는 각자 제 위치를 맡고 있으므로, 준비되지 않은 곳(無備)은 있을 수는 없으나 팀별로 약한 부분이 있고, 경기를 진행하다 보면 포지션의 균형이 흐트러져 약점을 노출할 수도 있으며, 만일 없다면 물리적 공격을 통해 약점을 조성한 후에 그곳을 공격하는 방법이 있을 수 있다.

그런 면에서 히딩크는 미드필드에서 강력한 압박축구를 통해 상대팀의 약점을 조성하고, 조성한 약점을 빠른 역습으로 공격하여 주도권을 갖는 공기무비(攻其無備)를 실천하였다.

스페인과의 연장전 후, 승부차기에 들어갈 때 히딩크는 줄곧 여유 만만했고, 긴장하지 않았다고 한다. 그것은 전날 비공개 훈련에서 승부차기 훈련을 집중적으로 실시하였기 때문인데, 본인은 물론 선수들은 자신감을 갖고 있었다.

그리고 페널티킥을 실축한 선수에게는 보통 자신감 상실을 우려하여 킥의 기회를 주지 않는 것이 일반적이었으나, 이탈리아전에서 페널티킥을 실축하였던 안정환은 카시야스에게 킥 방향을 속이고 여유 있게 슛을 성공시켰다. 또한, 첫 번째와 마지막 키커는 승부를 결정짓는 가장 중요한 키커이므로 심리적으로 노련한 팀의 최선임자인 황선홍과 홍명보로 배치했다.

이처럼 철저하게 준비된 히딩크의 용병술은 스페인이 연장전 후 승부차기라는 변수에 미처 대비치 못한 스페인의 약점을 최대한 활용함으로써 출기불의(出其不意)를 달성하였으니 과연 축구도 궤도(詭道)임을 알 수 있다.

04.
승리의 계산, 묘산(廟算)

어떤 일을 하고자 할 때는 누구나 그 일의 성패에 대하여 예측하고, 걸림돌이 되는 것을 찾아서 해결하려고 노력한다. 성패를 예측할 때는 통상 일을 완성했을 때의 요망하는 모습 즉, 최종상태를 그려둔 상태에서 자신의 능력과 취약점, 일의 여건과 환경 등 모든 필요한 점검 사항을 종합적으로 계산해야 한다.

만일 경쟁 상대가 있다면, 자신의 어떤 조치나 행동에 대한 경쟁 상대의 예상되는 대응 행동과 그 대응 행동에 대한 자신의 재대응 순으로 워게임(war game)을 실시하여 미흡한 분야에 대한 보완 방안을 마련하고, 상대의 약점을 공략하는 최선의 대응 방안을 찾아낸 후에 꼼꼼하게 일을 진행해야 한다.

전쟁에서는 더욱 그렇다.

고대 중국에서는 전쟁을 준비할 때, 작전을 짜는 전쟁지도부는 묘당(廟堂)에 둘러앉아 왕과 신하들 간에 앞에서 말한 오사(자신의 수준과 능력을 평가)와 칠계(상대방과 우위를 비교)로써 비교분석하여 작전계획을 수립하고 워게임을 통해 전쟁의 승패를 점치며, 불리한 요소에 대해서는 궤도(詭道)로 유리한 여건을 조성할 방안을 강구하는 과정을 거쳤다.

이처럼 묘당에서 논의하여 예측한 결과로 나온 승부를 판단하는 것이 묘산(廟算)이다. 묘산은 전쟁을 개시하기 전에 개전 여부를 판단하는 매우 신중한 결정 과정이다. 묘산에서 승산이 많다는 것은 승리(공격과 출병을 허용)한다는 것이고, 승산이 적은 것은 패배(대비하거나 회피)할 수 있다는 것이기 때문에 손자는 묘산으로써 미리 승부를 알 수 있다고 했다. 그래서 묘산을 통해 승부에 대한 정확한 분석과 예측이 필요하다는 것을 지적하였다.

히딩크의 묘산(廟算) 능력은 탁월하였다. 그의 언론담당관이었던 허진은 히딩크도 일반적인 네덜란드 사람과 똑같이 긍정적이면서 부정적인 면이 다 있고 직선적이고 솔직하며 명랑하고 유머 감각이 뛰어나지만, 철저히 계산적이고 인기 영합적이며 권력 관계를 잘 이용하는 현실주의자인 면도 겸비하고 있다고 하였다. 박항서 코치도 히딩크 감독은 계획적이고 치밀한 사람이라고 할 정도로 그는 계산적이다.

히딩크는 주관적인 느낌이나 직관적인 추정이 아니라 과학적으로 데이터를 바탕으로 객관적인 분석을 한다.

아시안컵 대회에서는 한국이 치른 경기 비디오를 하루 2개 이상 보면서 팀과 선수의 장 · 단점을 분석하였다. 그는 자신의 취미는 음악과 축구이며 하루의 일과를 마치면 그날 훈련한 내용을 비디오로 분석하여 정리하고 다음 훈련 프로그램을 생각한다고 했다.

그의 과학적 묘산에는 참모진의 노력이 컸다. 우선 아프신 고트비 비디오분석관은 대표팀과 상대팀의 경기를 그날그날 비디오에 담아 컴퓨터로 분석한 후 히딩크에게 결과를 제공하였다. 대표팀의 미드필드가 일자형에서 마름모꼴로 변화한 것도 그의 조언에서 나온 것이라 한다.

한편, 일본J리그 교토 상가FC 감독과 홍콩축구협회의 기술고

문을 역임하여 아시아 축구에 정통한 핌 베어벡(Pim Verbeek) 수석코치의 과학적인 훈련 프로그램은 선수 개개인의 데이터를 분석한 후 계량화하여 관리할 수 있도록 하였다. 정해성 코치는 대표팀에게 제공한 다양한 훈련 프로그램은 전적으로 그의 노트에서 나왔으며, 베어벡 코치의 축구 이론은 감독보다 더 전문적이고 박식했다. 그래서인지 선발진은 감독이 직접 결정을 했지만, 교체선수는 베어벡의 판단에 맡기는 경우가 많았다고 했다.

그리고 레이몬드 베르하이옌 체력 트레이너는 선수들로부터 저승사자로 불릴 정도로 대표팀의 체력을 강화한 일등 공신이며, 이외에도 한국인 코치를 포함한 참모진은 열다섯 명 가까이 되는데, 이러한 참모진의 헌신적인 노력과 도움으로 히딩크는 과학적 묘산이 가능했고, 그 묘산을 바탕으로 훈련하여 승산을 높여갔다.

히딩크는 과학적 데이터를 기초로 한국팀의 장·단점을 분석한 결과 한국 선수들은 하나같이 열심히 뛰고 사기, 투지, 근성 등에는 문제가 없으나 전술적 문제가 있음을 찾아냈다. 또한, 기술적으로 결코 유럽팀에 뒤지지 않으나 창조적이지 못하며, 체력의 부족을 문제점으로 파악하였다. 그래서 파워프로그램으로 체력을 강화하고 한국형 압박축구의 전술적 완성도를 높여나갔다.

그리고 그는 미국, 폴란드, 포르투갈팀에 최적화한 각각의 대비책을 마련하여 약속을 지켰다.

"현재 대표팀의 16강 진출 가능성은 50%이다. 앞으로 하루에 1%씩 향상해 월드컵 개막과 함께 100%를 만들겠다. 6월 초 우리팀의 모든 힘이 폭발하게 될 것이다."

장수가 전쟁을 준비할 때는 작전계획을 수립하고 그 작전계획에 대비한 적의 예상되는 작전계획을 상호 대응시켜 워게임을 실시한다. 워게임에는 병력과 장비, 무기체계 등과 같은 유형적 요소와 전략·전술, 장수의 의도, 병력의 훈련 정도, 군기, 사기 등 무형적 요소들을 해당 전장의 지형과 기상에 적용하여 분석하고 최선의 방책을 찾아 작전계획의 완성도를 높인다.

그것이 전쟁에 대비한 묘산(廟算)이며(손자병법에서 묘산의 방법은 오사 칠계로써 상대국과의 우열을 따져서 승산을 점쳐보는 것임), 축구뿐만 아니라 모든 경쟁 관계에서도 여러 가지 비교 요소를 정해서 상대와의 이해득실을 치밀하게 분석하여 대응하는 것은 매우 중요하다.

T H E   A R T   O F   W A R

작전

作戰

단기 속전속결하라

05. 전쟁은 다소 미흡하더라도 속히 끝내라
06. 싸워 이길수록 더욱 강해지다

작전(作戰)

전쟁할 때,
국가 경제와 동원 문제를 다루면서
전쟁은 막대한 비용과 희생, 손실이 발생하므로
전쟁을 오래 끌면 발생하는 폐단을 설명하고,
다소 미흡하더라도 빨리 끝내야 한다는 졸속(拙速)
사상과 적 자원 활용의 중요성을 강조하고,
전쟁의 속성을 잘 아는 장수가
국가의 안위를 책임질 수 있다는 것을 설명하였다.

05.

전쟁은 다소 미흡하더라도 속히 끝내라

어떤 일을 할 때 그 일의 완벽성을 기하기 위해 너무 오래 계획을 세우거나 좋은 시기를 찾기 위해 뜸을 들이다 보면 오히려 가장 좋은 기회를 놓쳐버리는 경우가 왕왕 발생한다. 그래서 완벽하기 위해 지나치게 느린 일 처리보다 다소 미흡하더라도 신속한 일 처리가 더 좋은 결과를 가져오는 경우가 많다.

미군 군사 교범에도 '너무 늦게 가져온 100%의 완벽한 해결책보다 적시적인 70%의 해결책이 더 낫다(A 70% solution on time is better than A 100% solution that arrives too late).'라는 문장이 있

다. 이것의 의미는 완벽하기 위해 이리저리 미흡 사항을 찾아서 보완하느라 그 계획을 시행해야 하는 적절한 시기를 놓쳐버린다면, 이미 그 방책은 아무 소용이 없음을 말한다. 한마디로 버스 지나간 뒤에 손을 드는 격이니 무슨 소용이 있을 것인가.

역사적으로도 한무제(漢武帝)나 수양제(隋煬帝), 히틀러 등의 경우와 같이 전쟁을 조속히 끝내지 않고, 과도하게 장기간 다발적 대외 정복 전쟁을 계속하여 결과적으로 국민의 삶이 피폐해지고, 국력을 낭비하여 결국에는 제국이 붕괴하는 원인으로 작용하였던 사례를 많이 보았다.

따라서 어떤 일을 추진할 때 질질 끌지 말고, 할 수 있으면 빨리 목표를 달성하도록 계획하여 마무리해야 하는데, 병법에서 손자는 전쟁은 다소 미흡하더라도 속히 끝내야 한다(兵聞拙速 병문졸속)고 강조하였다.

여기서 유의해야 할 점은 졸속이란 것이 일 처리를 깔끔하지 않게 대충 마무리하는 행동과는 다른, 대승적 차원의 결단으로 이해해야 한다. 즉, 더 큰 손실을 보지 않기 위해서 다소 미흡하지만 과감하게 중단하는 행위로 주식에서 더 큰 손실을 보지 않기 위해 손절매를 한다거나, 자신이 원하는 최대치는 아니지만, 어느 정도의 수익이 생기면 향후 발생할 위험에 대응하여 적절한 수익을 챙기고 매도하는 것과 유사하다고 보아야 할 것이다.

손자는 전쟁을 준비하는데 전차와 치중차 천 대, 갑옷 입은 중무장 병사 십만, 천 리 밖까지 보급할 양식 준비 등 여러 가지 전쟁 준비 비용이 하루에도 천금이 소요되기 때문에, 전쟁에서 승리하는 것도 중요하지만 전쟁을 오래 끌면 군대의 날카로움이 꺾이고 무디어져서 결국은 국력의 약화와 나라의 재정이 결핍하여 제3국이 그 틈을 이용하여 쳐들어오면 그때는 아무리 훌륭한 사람이 있어도 감당할 수 없다고 경고하였다. 그래서 손자는 전쟁은 속히 끝내야(拙速) 한다고 했다.

또한, 전쟁을 정교하고 완벽하기 위해 오래 끌었던 예는 없으며(未覩巧之久也), 전쟁을 오래 끌어서 나라에 이로웠다는 적 또한 없었기(兵久而國利者 未之有也) 때문에 전쟁은 다소 미흡하더라도 빨리 끝내야 한다. 그것이 결국은 더 큰 재앙을 막고, 나라에 이익이라는 사상이 바로 손자의 졸속(拙速)사상이다.

2002년 월드컵에서 이탈리아, 스페인과의 연장전을 치르고 승부차기하여 급격한 체력소모를 가져왔던 한국팀은 이어진 대 독일전에서 체력고갈로 이전과 같은 기동력을 발휘하지 못하여 패배했다.

결과론적이지만, 조별리그 미국 대 폴란드전에서 폴란드가 전반전에 두 골을 넣어 승리를 예견한 상황에서, 한국팀은 포르투갈과 무승부만 기록해도 16강 진출을 확정하기 때문에, 후반전에는 수비 위주의 경기운영을 하다가 기회를 포착하여 역습하는 작전으로 선수들의 체력 관리에 들어갔으면 하는 아쉬움이 남는다.

완벽하게 이기는 경기를 위해 공격축구만 고집하여 체력을 낭비할 것이 아니라, 다소의 미흡함을 감수하더라도 무승부 작전으로 경기를 운영했으면 선수들의 체력 소모를 방지한 가운데 경기를 마칠 수 있었을 것이다.

그것이 다소 미흡하더라도 빨리 끝내는 방법, 손자가 말한 졸속(拙速)의 적용일 것이다. 국력이 약해지고 재물이 고갈하면(力屈財殫) 국민 경제 70%를 소진하고, 정부재정(公家之費) 60%를 소진하기 때문에 완벽하게 이기기 위해 경기 종료 시까지 모든 체력을 소모할 상황은 아니었다. 또한, 손자는 제4편 군형에서 능히 자신을 보존한 가운데 온전한 승리(能自保而全勝也)를 강조하였는데, 이 의미는 자신의 피해 없이 전투력을 잘 유지하여 경쟁에서 온전하게 승리할 수 있어야 함이다.

그러나 이미 16강 진출을 확정한 상황에서 무리하게 체력소모를 감수하면서까지 이기기 위해 팀을 운영했던 것은 체력고갈로 인해 이탈리아전과 스페인전에서의 연장전과 독일전에서 패배라는 결과를 가져온 주원인이었다.

포르투갈전 후 히딩크는 '비겨도 16강에 진출하지만, 우리는 그런 경기를 원하지 않았다'라며 오로지 이기는 축구를 추구했다. 다음 경기에 대비해 체력안배를 하지 못한 것과 스페인전과 이탈리아전에서 117분의 사투를 한 선발라인을 아무런 변화 없이 그대로 기용함으로써 독일전에서 체력 고갈을 자초하였고, 독일과의 준결승전에서는 체력전을 예상했으면서도 스물세 명의 선수 중, 단 한 번도 기용하지 않았던 최성용, 윤정환, 현영민 등과 같이 체력을 잘 보존한 선수를 기용하지 않았던 것은 못내 아쉽다.

스페인전이 끝난 후 선수들의 체력은 완전히 바닥났다.

박지성 선수는 이탈리아전에 힘을 쏟아부었기 때문에 이번 스페인전은 더 힘들었으며 전반전의 피로 때문에 몇 번 위험한 순간이 있었다고 했다. 이영표 선수는 히딩크 감독님은 경기에 앞서 스페인에 대한 많은 정보를 주었지만, 오늘 경기는 체력에 달린 것이었다고 술회했다.

졸속의 실패는 손자가 말한 것처럼 전쟁을 오래 끌어 군사력이 무디어져 날카로움이 꺾이고, 전력의 약화와 함께 국가재정이 고갈되면 제3국이 피폐함을 틈타 도발한다. 그때에는 비록 지혜로운 사람이 있어도 그 뒷감당을 잘 해낼 수 없을 것(雖有智者 不能善 其後矣)이다.

독일전에서 히딩크는 후반 35분 수비수인 홍명보를 빼고 설기현을 투입하여 막판 역전을 노린 총공세에 나섰지만, 그때는 이미 돌이킬 수 없는 상황이었다.

물론, 축구에서 한 골 넣었다고 경기를 종료하는 것은 아니다. 최소한 90분은 뛰어야 한다. 따라서 축구에서의 졸속은 경기 자체만의 승리를 말하는 것이 아니다. 즉, 16강 진출을 이미 확정했다면 다음 경기인 8강전을 염두에 두고 선수교체와 함께 전술변화를 통해 전력을 비축해야만 했었다.

포르투갈과의 경기에서 체력을 소진한 한국팀은 이탈리아와 연장전을 끝내고, 불과 나흘 만에 대표팀 보다 이틀을 더 쉰 스페인과 또다시 연장전을 치르고 승부차기까지 갔다. 그런 후, 또 사흘 만에 하루를 더 쉰 독일을 만났는데, 이때는 이미 극도로 쌓인 피로와 체력의 고갈로 무기력할 수밖에 없던 상황이었다. 아쉽지만 이미 예고된 패배였다.

손자가 경고했던 바와 같이 국력이 약화되고 나라의 재정이 궁핍한 상태에서 제3국이 그틈을 이용하여 쳐들어오면 그때는 아무리 훌륭한 사람이 있어도 능히 대처할 수 없다는 것이 실감난다.

그래서 먼 안목과 장기적 계획에 따른 체계적인 대응이 필요하다. 눈앞의 속 시원한 결판을 위해 사력을 다하면, 기력을 소진하여 장기적인 승부에서는 불리해짐을 간과하면 안 된다. 마치 마라톤 선수가 구간 구간에서 추월당할 때마다 선두를 유지하기 위해 전력질주하다가 끝내는 완주하지 못하게 되는 이치와 같다. 따라서 다소 미흡하더라도 요망하는 성과를 어느 정도 달성했다면 일찍 끝내는 졸속의 의미와 같이 가정이기는 하지만, 포르투갈전에서 비기기만 해도 16강 진출을 확정하는 상황에서 사력을 다 하는 것보다 체력을 보존하여 비기기 전술은 어땠을까 하고 생각해 본다.

06.

싸워 이길수록 더욱 강해지다

승리가 쌓일수록 승리한 경험의 노하우가 쌓이고, 그것은 조직의 전통으로 자리 잡아 조직은 점점 더 강해진다. 그것이 바로 싸워 이길수록 더욱 강해진다는 승적이익강(勝敵而益强)이다.

우리말에 흔히, 한 번 이겨본 사람이 잘 이긴다고 한다. 이겨본 사람은 이기는 것이 얼마나 행복한 것인지, 그것을 위하여 어떤 노력이 필요한지를 알기 때문이다. 즉, 성공할수록 성공에 대한 열망이 더 크다. 성공 방법을 터득하면 점차 더 높은 목표의 성공을 추구한다. 이길수록 이기는 방법(전술, 조직력 등 승리를 위해 필요한 제반 요소)은 마치 눈사람을 만들 때 눈덩이를 굴리는 것처럼 점점 불어난다.

전쟁에서 싸워 이기면 이길수록 그 부대는 더 강해진다. 손자는 병졸이 적을 죽이는 것은 적개심 때문이고(殺敵者 怒也), 적의 자원을 획득하게 하는 것은 상으로 재물을 주기 때문(取敵之利者 貨也)이라 하였다.

따라서 전장에서는 병사가 죽음을 무릅쓰고 싸우려는 전투의지를 고양하기 위하여 적개심을 고취하고 사기를 앙양해야 한다. 아울러 전장에서 전과나 성과를 달성하면 그에 합당한 보상을 적시에 부여하여 성과를 확대할 동기를 유발해야 한다. 그래서 손자병법에서는 전장에서 노획한 장비가 있다면 노획한 자에게 상을 주고, 적에게 빼앗은 장비에 아군의 깃발을 달아서 아군의 장비로 사용한다. 적의 포로는 다독거려 아군으로 전향시킨다. 전쟁에서 적과 싸워 이기면 이길수록 더욱 힘이 강해지는 것이 바로 승적이익강(勝敵而益强)이라고 하였다.

우리나라 월드컵 축구 역사 48년의 숙원이었던 1승, 그것은 이마뉴얼 올리사데베(Emmanuel Olisadebe)가 버티고 있는 폴란드를 2 : 0으로 누르면서 이루어졌다. 이어 미국전과 FIFA 5위이자 세계적 미드필더 루이스 피구(Luis Figo)가 버티고 있는 포르투갈을 1 : 0으로 이기고 16강 진출했다. 그리고 FIFA 6위의 강력한 우승 후보였던 아주리군단 이탈리아를 이기고 8강, 그리고 또 하나의 강력한 우승 후보인 스페인까지 누르고 4강에 진출하였다.

비록 결승 진출의 문턱에서 전차군단 독일을 만나 급격한 체력고갈과 피로로 우리의 꿈은 비록 멈췄지만, 대표팀은 4강까지 다섯 경기에서 미국과 유럽의 축구 강호를 만나 단 한 게임도 패하지 않고 파죽지세의 기세로 승리를 쌓으며 믿기 어려운 승리를 쟁취했다. 그야말로 한국팀은 이길수록 강해지는 팀이었다.

승리가 더해 질수록 선수들에게 지급하는 포상금의 액수도 늘어났고, FIFA의 배당금도 더 커졌다. 월드컵이라는 전쟁터에서 전리품으로 제시된 상금은 16강 진출 시, 선수당 1억 원, 8강 진출 시 2억 원, 4강 진출 시 3억 원으로 선수들의 동기를 유발하기에 충분했다. 그뿐만 아니라 선수들 가슴속에 쌓인 자신감과 승리에 대한 열정, 그리고 붉은 악마의 열광적인 응원은 승리할수록 더욱 강해졌다.

폴란드전에 이기고 난 후 히딩크 감독은 어제까지 자신의 목표는 폴란드전 승리였지만, 내일부터는 미국전 승리가 목표라 하였고 16강 달성 후에는 '난 여전히 배고프다'라고 하였다. 이탈리아를 이긴 후에는 '우리의 꿈은 계속된다'라고 하여 승리가 더해질수록 이기고자 하는 욕구도 더 강해졌다. 한국팀은 승리할수록 점점 더 자신감이 커졌으며 승리에 대한 욕구와 가능성이 커져 팀은 더욱 강해져 갔다.

이처럼 경기에서 승리할수록 감독과 선수들의 자신감은 물론, 사기가 드높아지고 더욱 탄탄해지는 조직력뿐만 아니라 마음속의 승리에 대한 열정도 더욱 강해지는 동인(動因)이 되었다. 싸워 이길수록 더욱 강해진다는 승적이익강(勝敵而益强)을 구현한 것이다.

따라서 한 개인에 있어서 지는 것도 습관이므로 패배의 이유로 자신을 정당화하려 하지 말고, 이기는 습관을 갖도록 의지를 갖고 적극적으로 노력함으로써 승리하는 삶을 살아야 할 것이다.

THE ART OF WAR

모공

謀攻

싸우지 않고 온전하게 승리하라

07. 싸우지 않고 승리하는 것이 좋다 | 08. 승리를 아는 다섯 가지 조건
09. 지피지기면 백전불태

모공(謀攻)

책략(策略)을 통하여 싸우지 않고
승리하는 전승(全勝)과 부전승(不戰勝) 사상을
최상의 용병법(用兵法)으로 제시하며,
전쟁에 임하기 전에 승리를 미리 아는 다섯 가지 조건과
지피지기(知彼知己)의 중요성 등 전쟁계획과 책략을 제시한
모공(謀:꾀 모 攻:칠 공)의 법칙을 설명하였다.

07.

싸우지 않고 승리하는 것이 좋다

경쟁 관계에서 상대를 이기기 위하여 상대보다 뛰어난 전략과 전술, 그리고 우세한 자원과 구성원 전체의 의지와 신념 등이 필요하다.

일단 상대와의 경쟁을 시작하면 자신도 피해를 보지 않을 수 없어서 경쟁을 오래 하면 비록 이겼다 하더라도 싸우기 전보다 더 좋지 못한 결과가 생길 수 있다. 왜냐하면, 싸움을 시작하면 이기기 위하여 상호 간 치열한 투쟁이 불가피하므로 크고 작은 희생을 수반할 수밖에 없고, 그 과정에서 자신의 힘과 능력을 소모할 수밖에 없기 때문이다.

그래서 백전백승보다 부전승이 좋은 것은 비록 백번 싸워 백번 이기더라도 백번의 싸움에서 자신의 피해가 발생할 수밖에 없으므로, 가장 좋은 방법은 싸우지 않고 적을 굴복시키는 것이다.

상대와 싸우지 않고 승리하여 자신이 원하는 바를 쟁취하는 것을 손자는 부전승(不戰勝)이라 하였다. 적을 파괴하지 않고 온전한 상태로 굴복시켜 온전한 채로 이긴다는 것은 싸워서 이기는 전승(戰勝)이 아닌, 적도 나도 온전한 가운데 이긴다는 온전한 전승(全勝)이다. 싸우지 않고 적을 굴복시키는 부전이굴인지병(不戰而屈人之兵) 즉, 부전승(不戰勝)인 것이다.

싸우지 않고 적을 굴복시키는 방법 중 최선은, 적의 생각이나 의도를 봉쇄함으로써 대항할 의지를 꺾는 것이고(伐謀), 다음은 적이 외부 지원이나 외부에 의지하는 바를 공략하여 외교상 불리한 여건을 만드는 것(伐交)이다.

부전승 방법이 통하지 않아 불가피하게 선택하는 차차선과 최하의 방법은 싸움을 하여 전쟁에서 승리(戰勝)하는 것인데, 이는 적이 대항할 수 있는 주요 수단인 군대를 치는 것(伐兵)과 굳게 지키고 있는 적의 성을 공격하는 것(攻城)이 있다.

이러한 직접적 전투행위를 통해 승리를 쟁취하는 것을 불가피하게 선택하더라도 손자는 용병을 잘하는 자는 적의 부대를 굴복하게 하여 전투하지 않는 것이고, 공성전 없이 적의 성을 함락하며, 적국을 허물어뜨려도 오래 끌지 않아서 온전한 상태로 승부를 겨룬다고 했다. 그렇게 함으로써 군대의 둔해짐이 없고 이익도 가히 온전해지는 것이니 이것이야말로 모공의 법칙(謀攻之法)이라고 강조하였다.

이처럼 손자는 전쟁에서 적국을 온전한 상태로 굴복시키는 것이 최상이고, 적국을 격파해서 굴복시키는 것은 차선의 방법이기 때문에 적의 싸우고자 하는 의지를 무너뜨리는 것을 최고의 용병법으로 보았다.

다만 불가피하게 최하의 용병법인 공성(성을 직접 공격하는 행위)을 한다면 만만치 않게 준비해야 한다. 만일 장수가 분을 참지 못하고 철저한 준비 없이 공성하면 수많은 병사가 죽는 재앙이 생긴다고 하였다. 따라서 용병을 정말 잘하는 장수는 적의 군대를 굴복시키되 싸움하지 않고, 온전한 상태로 승리를 쟁취하는 것이라 강조했다.

다시 말해 적도 온전하고 아군도 온전한 상태로 승리하는 것이 전승(全勝)인데 이는 싸우지 않고 이기는 부전승(不戰勝)으로 달성한다.

적의 싸우고자 하는 의지를 분쇄하기 위하여 적보다 압도적으로 우세한 무기체계와 병력, 견고한 방어 태세, 국민의 총력적 안보 의지 그리고 튼튼한 외교 관계 등이 필요하다. 이러한 준비를 선행하면 적이 감히 공격하고자 하는 생각을 갖지 못할 것이다.

전쟁에서는 적 후방 깊숙이 공격하여 적의 심리적, 물리적 핵심이 되는 중심(重心, Center of Gravity)을 허물어뜨려야 한다. 그렇게 하기 위하여 빠른 기동을 통해 적이 미처 대비하지 못한 허를 공략하거나, 적이 효과적으로 대응을 하기 전에 중요 목표를 빼앗음으로써 항복을 강요하고, 적이 위치한 곳을 포위하여 조직적으로 저항하지 못하게 하는 등 싸우지 않고 굴복시키는(不戰而 屈人之兵) 방법을 사용한다.

축구에서 싸우지 않고 이기는 방법이 있을까. 결론적으로 월드컵 축구에서 대륙별 경쟁을 통해 최종적으로 32강에 진출한 국가는 조별 예선을 거치고 16강전에서는 토너먼트로 결승전까지 진행하는 경기에서 단 한 경기도 싸우지 않고 미리 항복을 받아내는 부전승은 없다.

그러나 실제 월드컵에서 어떤 팀은 마치 승리라도 한 것처럼 마음껏 제 기량을 발휘하는 반면, 어떤 팀은 싸워보기도 전에 이미 패배한 것처럼 주눅 들어 기량을 발휘하지 못하고 경기 내내 끌려다니다가 결국 지는 것을 우리는 보아왔다. 특히 1998년 프랑스 월드컵에서 자신감을 완전히 상실한 채 경기 내내 끌려다녔던 우리나라팀이나, 2002년 월드컵에서 사우디나 중국팀이 그랬다.

그것은 유럽이나 중남미 축구에 대한 경험이 부족하고 상대팀에 대한 두려움이 너무 큰 탓에 선수가 경기에 임하기 이전부터 자신감을 상실하였기 때문이다.

그렇다면 싸우지 않고 상대팀을 미리 압도할 방법은 무엇일까. 그것은 바로 선수들의 자신감이다. 상대와 싸움에 들어갈 때 넘치는 자신감으로 적을 압도하는 태도, 이는 상대를 과소평가하는 것과는 의미가 다르다.

사실, 그동안 아시아 축구의 가장 큰 문제는 세계무대에 대한 선수들의 두려움과 자신감 상실이었다. 경기도 하기 전에 이미 패배감과 상실감을 안고 경기에 임하였으니 그 결과는 뻔한 것이었다.

히딩크는 그동안 한국 축구의 결과가 무엇인가? 4회 연속 월드컵 진출? 냉정하게 말해 아시아는 남미나 아프리카, 유럽보다 본선 진출권을 얻기가 훨씬 쉽지 않았는가. 한국은 본선에 4회

연속 진출했지만 단 1승도 못했고, 세계무대에 강한 인상을 주지도 못했다. 한국 선수는 항상 주눅 들어 있었고 자신감 없는 모습만 보여줬다. 그것이 한국의 과거였다고 말한 바 있다.

과거의 우리나라팀이나 2002년 월드컵에서 사우디아라비아, 중국팀 모두 싸워보기도 전에 먼저 주눅이 들어 심리적 패배를 한 상태에서 경기에 임했으니 그 결과는 뻔하였다. 오죽하면 (故)유상철 선수가 1998년 프랑스 월드컵에서 마치 술에 취해 필름이 끊긴 사람처럼 기억이 나지 않는다는 말까지 했을까.

그래서 히딩크는 한국팀이 유럽 콤플렉스를 갖고 있으므로 선수들에게 수시로 기회 있을 때마다 자신감을 가지라고 하면서 어떤 팀이든 한계가 있기 마련이므로 부정적으로 생각하면 이길 수 없고 열등의식을 가지면 이길 수 없음은 물론 이미 게임에서 진 거나 마찬가지라 역설하였다. 그러면서 긍정적인 생각과 자신감 회복에 치중하였다.

"축구 강국들과 격차를 좁히려면 세계적인 강호들과의 대결을 피해서는 안 된다. 지는 한이 있더라도 가시밭길을 걷겠다."

그래서 유럽 콤플렉스 극복을 위한 전지훈련과 강호들과 평가전을 지속하여 치루었다.

히딩크 부임 후 평가전 상대 32개국 중에서 유럽팀 11개국,

FIFA 순위가 우리보다 앞서는 팀이 23개국이었다는 점을 보더라도 그의 의지를 알수 있다.

그는 스코틀랜드에 4 : 1로 대승한 후인 2002년 5월 20일 영국 〈가디언〉지와의 인터뷰에서 한국팀은 월드컵 예선전에서 항상 동남아 약체들과 경기를 해왔기 때문에 경기력이 향상되지 않았다. 그래서 유럽 강팀들과 친선 경기를 통해 한국팀의 경험과 자신감 향상에 노력한 것이 이만한 수준의 팀으로 변하게 했다고 하였다. 포르투갈과의 일전을 앞두고는 아무것도 보장할 수는 없지만, 이제 두려움은 없다. 우리 선수들은 상대팀을 공략하는 데에 자신감을 느끼고 있다고 하면서 히딩크 본인도 자신감을 보였다.

(故)유상철 선수도 히딩크호 출범 후에 믿는 구석이 있었는데 정말 잘할 수 있겠다는 생각이 들었고 그것이 진짜 자신감이었다고 말한 바 있다

한편, 이천수는 히딩크가 진행한 파워프로그램의 효과성에 대하여, 이전에 유럽 사람들하고 부딪힌 거하고 파워웨이트를 병행하면서 유럽 선수들하고 부딪히고 게임을 뛰는 것은 굉장히 다르다며 부딪혀도 안 밀리니까 심리적으로 아무것도 아니라고 느끼게 되었다고 했다. 선수들의 자신감 회복이 얼마나

중요한지 새삼 일깨워 주었다.

또 한 가지, 한국팀이 2002년 월드컵에서 4강의 위업을 달성하면서 유럽의 강호들이 제 기량을 펼치지 못하도록 한 일등 공신은 바로 붉은 악마들의 뜨거운 응원이다. 히딩크는 붉은 악마의 질서 정연하면서도 열정적인 응원은 경기에 매우 긍정적인 영향을 미치고 있고, 경기 때마다 큰 힘을 주고 있는 게 사실이라며 대표팀에 매우 큰 힘이 되고 있다고 했다. 그리고 세계 각국 대표팀 서포터스가 있지만 붉은 악마의 응원법은 세계적인 본보기가 되어야 할 것이라고도 했다. 그러면서 붉은 악마의 응원이 선수들의 경기력 향상에 큰 도움이 되었다며 응원을 적극 요청했다.

이를 바꾸어 말하면 상대팀에게는 엄청난 심리적 부담으로 작용하여 제 기량을 충분히 발휘하지 못하게 하는 효과가 있다. 운동장을 꽉 메운 붉은 물결이 한결같이 '대한민국!'을 외치며 한국팀을 응원하는 모습을 보면 기가 죽는다는 것이다. 실제 우리와 맞붙었던 미국이나 포르투갈, 이탈리아, 스페인의 선수들은 한국 붉은 악마의 응원이 상당한 부담이었다고 술회했다.

특히, 폴란드전에서 'WIN 3 : 0'의 카드 섹션을 한 붉은악마의 열광적 응원과 기세에 눌린 폴란드의 엥겔 감독과 선수들은 상당한 심리적 부담이 있었다고 술회하였고, 이탈리아전에서는 'AGAIN 1966'과 'Welcome to Azzuri's Tomb'(아주리의 무덤에 온 것을 환영합니다)를 들고나와 1966년 잉글랜드 월드컵에서 우승 확률 3위였던 이탈리아가 북한의 박두익에게 골을 허용하여 1 : 0으로 패배하였던 기억을 되살리게 한 응원은 FIFA로부터 철회를 요구받을 만큼 자극적이었다.

이와 같은 붉은 악마의 열광적인 응원은 한국 대표팀에게 엄청난 자신감과 사기를 북돋우고, 상대팀 선수의 감정을 자극하거나 주눅 들게 하는 효과를 가져왔다. 아울러 심판에게는 홈팀인 한국팀에 불리한 판정을 내리지 못하도록 부담을 주어 심리적 압박을 가하였고, 국민들에게는 뜨거운 희열을 느끼게 해줌으로써 대한민국을 열광의 도가니로 몰아넣었다. 그리고 전 세계에 대한민국의 저력과 우리 국민의 단결력과 열정을 과시한 축제의 장이었다.

축구에서 적과 싸우지 않고 이기는 방법은 현실적으로는 없지만, 싸우기 전에 승리에 대한 확고한 자신감을 자신감을 갖도록 철저하게 훈련하여 준비하는 것은 심리적 승리를 달성하는 방법이다.

자신감은 자신보다 강한 팀과 많은 평가전을 통하여 강팀에 대한 두려움을 없애고, 전술적 취약점을 보완하고 조직력을 강화한 상태에서 상대의 강·약점을 철저하게 분석하여 대비함으로써 가질 수 있다.

철저하게 준비하여 상대를 압도할 자신감을 가진다면 싸우기 전에 이미 이기는 것(先勝以後求戰)이기 때문에 싸우지 않고도 이기는 부전승(不戰勝)을 달성한 것이다.

08.

승리를 아는 다섯 가지 조건

어떤 일의 성공 여부를 가늠하기 위하여 그 일이 성공하기 위한 여러 가지 조건들을 설정하고, 조건들의 충족 여부를 점검하여 성공의 가능성을 판단한다. 그리고 판단한 결과에 따라 성공 가능성이 크지 않다면 부족한 부분에 필요한 것을 조치하여 보완함으로써 성공의 가능성을 높여나가야 한다.

그래서 승리 획득의 조건을 설정하여 경쟁 상대와 자신의 상태를 비교하면서 과연 싸워 이길 수 있을 것인지, 아닌지를 사전 점검하는 것이 중요하다.

전쟁에서도 여러 가지 조건을 점검하여 승리를 점쳐볼 수 있는데, 손자는 지승유오(知勝有五)라 하여 승리를 아는 다섯 가지를 제시하였다.

손자가 제시한 승리를 아는 다섯 가지의 조건 중,

첫째, 가히 싸울 수 있는 적인지 아닌지를 알고 대응하는 자는 승리(知 可以與戰 不可以與戰者 勝)하고,

둘째, 우세할 때와 열세할 때에 각기 다른 용병술을 알고 발휘할 수 있는 자는 승리(識 衆寡之用者 勝)하며,

셋째, 상관과 부하가 한마음으로 같은 목표를 향해 가고자 한다면 승리(上下同欲者 勝)한다.

넷째, 사려 깊게 숙고하여 적을 대비한 가운데 사려 없는 적을 맞이한다면 승리(以虞待不虞者 勝)하며,

다섯째, 장수가 유능하고 임금이 장수가 결정한 사안에 대해 간섭하지 않으면 승리(將能而君不御者 勝)한다고 한다.

그 조건들의 핵심 내용은 ①정세 판단으로써 상대와 전력을 비교하여 선정한 전략에 따라 싸울 수 있는지 없는지를 정확하게 판단하는 능력이며, ②전술적인 식견으로써 자신의 전력이 우세할 때와 열세할 때에 적용할 수 있는 용병법을 아는 능력이고, ③전 부대원의 전투 의지와 단결심의 정도로 상·하 구성원 모두가 같은 마음을 가진 상태인지와 ④적의 의도와 능력을 신

중하게 판단하여 상대적인 전투력을 운용할 수 있는 능력이며, ⑤전쟁 지도부의 효율적 통솔 능력으로 전장에 나가는 장수가 유능하고, 임금이 이를 믿고 간섭하지 않는 통수능력이다.

이 중에는 우리가 흔히 사용하여 여러 사람에게 익숙한 상하동욕자승(上下同欲者勝)이라는 문구가 있다.

축구에서 과연 어떻게 승리를 알 수 있을까.

여러 가지 비교 요소에 따라 점검해 보는 것도 있겠으나, 여기에서는 손자병법의 지승유오(知勝有五)로써 비교해 보고자 한다.

첫째 조건인, 가히 싸울 수 있는 적인지 아닌지를 가려서 승리할 수 없을 때는 싸움을 피하는 것이 상책이지만, 월드컵에서는 조별 예선과 토너먼트 방식으로 피할 수 없는 싸움을 할 수밖에 없으므로, 비록 싸울 수 없는 강한 상대임에도 싸워야 한다. 만약, 그런 상황이면 더욱 철저하게 싸움을 준비해야 한다.

히딩크는 한국 대표팀 감독으로 부임하기 전부터 가능한 많은 자료를 보내 달라고 요청하여 한국팀을 분석하였다. 대표팀 소집 기간 그는 매일 저녁 식사 후, 선수들이 쉴 때도 코치진과 그날그날의 훈련을 분석하고 다음 훈련계획을 수립하였다. 그러고 나서 훈련에 참여한 선수들과 함께 경기 비디오를 분석하며 미팅했는데, 잠자리에 들기 전까지는 월드컵 상대팀의 전력에 관한 비디오를 분석하면서 과연 싸울 수 있는 상대인지, 어떤 강점을 회피해야 하고 어떤 약점을 공략해야 하는지를 파악하며 대비하였다.

둘째, 우세할 때와 열세할 때의 용병법을 알고 적용했다.

손자는 적이 지켜야 할 곳이 10곳이라 할 때 내가 공격할 곳을 적이 모르게 하면 적은 10곳을 다 대비해야 한다. 만약, 적이 앞을 집중하여 대비하면 뒤가 열세하고, 좌측을 대비하면 우측이 열세하며 10곳 모두를 대비하면 10곳 모두가 열세하리라는 것이다. 왜냐하면, 적이 가지고 있는 전투력이란 무한정 있는 것이 아니라 한정적이기 때문이다.

따라서 손자는 적의 형태는 드러나게 하고, 나의 형태는 드러나지 않도록 한 상태(形人而我無形)[형인이아무형]에서 나는 하나로 뭉치고, 적은 열로 분산케 하면 적의 어느 곳이든지 나의 열로써 적의 하나를 공격함으로 나는 우세하고, 적은 열세하여 전투력 우세를 달성한다고 했다.

우세할 때와 열세할 때의 용병에서 대표팀의 천재성이 빛난다. 한국 대표팀이 적용한 '압박축구'나 지역적 '협력 수비'가 이루어지는 그것, 바로 토털 사커인 것이다. 상대팀은 공격수를 통상 1~3명의 스트라이커로 운용하므로 우리팀의 공격진과 수비진의 간격을 30m 이내로 상대적으로 좁혀 버리면 중원에서 국지적인 수적 우세를 달성하여 상대 공격수가 드리블할 때 순간적으로 두세 명의 우리 선수가 에워싸도록 한다.

그러면 상대 공격수는 활동공간을 제한받는 가운데 강력한 압박을 당하므로 자연 패스 실수를 하거나 다음 공격 동작을 할 수 없다. 그 순간 나의 열(十)로써 상대의 하나(一)를 대응함으로써 나는 우세하고 상대는 열세한 것이다.

셋째. 상하동욕자(上下同欲者)는 승리하게 된다.

조직에서 리더와 구성원이 일치단결하여 하나의 목표를 이루고자 하는 의지를 갖게 하자면, 리더가 추구하는 가치를 전 구성원이 공유하는 것이 중요하다.

히딩크는 선수 및 스탭진과 가치공유(Value Sharing)를 위해 많은 노력을 하였다.

취임 초부터 자신이 추구하는 축구의 스타일을 명확하게 제시하였고, 모든 선수가 이를 이해하고 공유하도록 유도하였다.

각 포지션별 역할과 전술을 이해하도록 하여 조직력을 향상시켰고 신뢰 형성을 통해 팀워크를 극대화했다. 히딩크 감독의 카리스마와 친화력이 외국인임에도 불구하고 국내 코치, 선수들과 우호적인 관계 유지를 가능케 했다. 이전의 두 외국인 감독(데트마르 크라머, 독일, 1990~92, 아나톨리 비쇼베츠, 우크라이나, 1994~96)은 지도방식 등에서 한국인 코칭스태프와 상당한 불화를 야기했다.

- 강한수 외, 삼성경제연구소,《히딩크 리더십의 교훈》2002.6.10., p.9~10.

이처럼 히딩크는 국내 코치, 선수들과의 친밀한 관계를 유지하여 감독인 히딩크로부터 후보 선수들까지 모두가 하나의 목표 아래 같은 비전을 공유함으로써 한국팀의 4강 진출을 이끌었다고 해도 과언이 아니다.

넷째, 사려 깊게 숙고하여 상대를 대비한 가운데 사려 없는 상대를 맞이하면 승리한다.

히딩크는 경기 상대에 관해 매우 철저하게 분석하여 대비함으로써 상대적으로 우리에 대한 분석이 미흡한 상대를 맞이할 수 있었다. 유럽 무대에서의 영광과 우월성에 자만하고, 축구의 변방 오지였던 한국팀을 얕잡아 보며, 우리에 대한 분석과 대비를 철저하게 하지 않았던 유럽의 여러 강호에 비해, 히딩크 감독의 한국팀은 약 500여 일을 동고동락하면서 철저하게 상대팀은 물론 선수 한명 한명까지 분석하여 대비하였기에 모두의 예상을 깨고 승리할 수 있었다.

다섯째, 손자는 장수가 유능하고 임금이 간섭하지 않으면 승리한다고 했다. 군대가 진격 또는 후퇴할 상황이 아닌데도 현장감 없는 임금이 조정의 탁상에서 명령한다면 승리하기 어렵다. 그것은 군대를 위험에 빠트릴 수 있고, 군대의 내부 사정을 잘 모르면서 장수가 알아서 해야 할 사항까지 지나치게 간섭하여 장수와 병사들로부터 의구심을 일으키게 한다. 또한 명령계통을 잘 알지도 못하면서 직접 군의 지휘계통이나 보직에 간섭하면 인접국이 침략하는 어려움에 봉착하게 되니 이를 가지고 '군대가 혼란해짐으로써 적의 승리를 끌어들인다(是謂亂軍引勝)'라고 하여 장수의 일에 대한 군주의 지나친 간섭을 경계하였다.

히딩크는 2000년 12월 18일 대표팀 감독 조인식을 했다.

그 계약에서 그는 대표팀 운영에 대한 전권을 위임받는 조건을 제시했고, 그를 추천한 이용수 기술위원장도 대표팀에 대한 모든 권한을 감독에게 맡기고, 기술위원회는 측면 지원 역할만 하겠다면서 감독의 독립성과 전권 행사를 보장하였다. 지금까지 축구협회가 많은 부분 간섭과 통제를 하였던 것과 확연하게 다른 파격적인 결정이었다.

반면 1998년 프랑스 월드컵에서 대표팀 감독이었던 차범근은 당시 선수선발은 언론이나 주위의 견해를 잘 수용해야 한다는 축구협회의 입장이 있었고, 실제 그렇게 되어 선수선발에 있어서 감독이 전권을 행사하지 못하였다.

이에 비해 선수선발에 자유로웠던 히딩크는 학연, 지연에 얽매이지 않고 언론이나 축구협회의 압력에도 굴하지 않는 그야말로 소신 있는 리더십을 발휘하여 한국팀을 승리로 이끌 수 있었다.

이처럼 어떤 일을 하기 전에 그 일을 성공적으로 달성하는데 필요한 조건들을 선정하여, 하나하나씩 치밀하게 검토하여 부족하거나 취약한 점은 보완하고, 강점이 되는 부분은 최대한 활용할 수 있는 방안을 마련한다면 성공 여부를 미리 알아볼 수 있다.

09.

지피지기면 백전불태

오늘날 손자병법 하면 가장 먼저 떠오르는 글귀이다. 일반적으로 손자병법에 기술된 정확한 문구는 아니나 '지피지기 백전백승(知彼知己 百戰百勝)'으로 더 알려진 문구이다.

사실, 지피지기가 백전백승을 달성할 수 있는 충분조건은 아니지만, 지피지기했을 때는 위태롭지 않을 것이니 지피지기를 게을리하지 말라는 것이다.

지피지기는 적과 자신 간의 싸움에서 승리 획득을 위해 필요한 조건인데, 지피(知彼)는 적에 대한 정보로써 적을 칠 수 있을지 없을지, 적의 강점과 약점, 적의 의도와 능력 등을 판단할 수 있는 조건이다. 지기(知己)는 자신의 능력에 대한 것으로서 적을 칠 수 있을지 없을지, 자신의 상태에 관해 판단할 수 있는 조건이다.

이러한 판단이 이루어진 연후에 이길 수 있을 때는 전투하여 승리하고, 불리할 때는 대비하거나 후퇴함으로써 백번 싸워도 위태로워지는 일이 없다는 것이다.

손자병법 지형편에서는 적을 알고 나를 알면 승리는 위태롭지 않고, 나아가 천시와 지형까지 알 수 있으면 승리는 가히 온전해질 수 있다(知彼知己 勝乃不殆 知天知地 勝乃可全)고 강조하고 있다. 즉, 지피지기와 더불어 기상과 지형의 요소인 지천지지(知天知地)까지 통달하여야 온전하게 승리를 획득할 수 있는 것이다.

지피지기 백전불태라는 이 글귀가 많은 사람에게 회자하는 이유는 단지 전쟁에서만이 아니라 사회에서도 일반적으로 통용할 수 있기 때문이다. 어떤 조직이나 개인도 상대를 알고 자신을 알면 백번 싸워도 위태롭지 않고(知彼知己 百戰不殆), 상대를 모르고 자신만 알면 한번 이기고 한번 지니 승부는 반반이며(不知彼而知己 一勝一負), 상대도 모르고 자신도 모르면 매번 싸울 때마다 반드시 위태롭다(不知彼不知己 每戰必殆).

손자가 제시한 위의 여러 가지 조건 외에 손자병법에서 말하지 않은 부분은 상대는 아는데 자신을 모르는(知彼而不知己) 경우이다. 이는 적은 알지만(사실, 적을 잘 아는 것은 쉽지 않다), 자신의 상태를 모르는 것인데 통상 자신에 대해서는 잘 안다고 생각하여 정확한 자신의 상태를 파악하는데 게을리할 수 있다. 자신의 정확한 상태를 잘 알지도 못한 상태에서 싸운다면 매우 위태로운 상황에 부닥칠 수 있으므로, 적뿐만 아니라 자신의 상태를 정확하게 파악하여 인식하는 것도 결코, 잊지 말아야 할 중요한 조건이다.

상대를 알고 자신을 알자면 끊임없이 피·아의 의도와 움직임, 강·약점을 파악해야 한다. 특히, 상대를 알기 위해서는 자신과 맞붙을 상대의 전술적인 특성과 그들만이 가진 특징적인 부분에 대해서 정확한 정보를 수집하여야 한다.

예를 들자면 포르투갈의 피구와 같은 핵심 미드필더나 이탈리아의 비에리 같은 주 공격수의 개인적인 특징뿐만 아니라 상대팀 전체가 갖는 개성과 감독의 성격, 선호하는 전술 등 유·무형의 장·단점을 모두 분석하여 자기 팀의 장·단점과 비교를 통해 상대의 장점을 회피하거나 효율적으로 사용하지 못하게 하고, 단점은 최대한 이용하는 전술을 개발하고 적용해야 한다.

히딩크는 대표팀 감독 수락 전 한국 축구를 잘 모르는 상태에서 선뜻 맡을 수는 없으니 한국 선수들에 관한 것과 한국 축구에 대한 자료를 가능하면 많이 보내 달라고 하여 본격적으로 한국팀 분석에 들어갔다. 그가 조인식을 한 직후인 2000년 12월 20일 도쿄에서 개최된 한 · 일전 경기를 관전하는 내내 그는 노트에 한국 선수들의 플레이 스타일과 특징적 움직임에 관한 내용을 빼곡히 적으며 선수들의 능력과 특성을 파악하는 데 많은 노력을 기울였다.

그리고 부임 후에는 대표팀 소집 기간 매일 코치진과 그날의 훈련 분석과 다음 훈련계획을 세웠으며 아프신 고트비 비디오 분석관이 대표팀과 상대팀의 경기 내용을 비디오에 담아 히딩크에게 제공하면 매일 새벽까지 비디오 자료를 보면서 선수들의 움직임과 전술적 특징을 분석하였다.

고트비 분석관은 경기전 상대팀의 경기운영 방식과 특징, 주전선수의 경기 스타일 및 선수 개인의 습관까지 비디오에 담았고, 자신이 개발한 모션 분석 프로그램을 이용하여 상대팀의 A매치 경기 영상을 분석하여 자료를 구축한 후 히딩크 감독과 선수들에게 제공했다.

그러면 히딩크는 선수단 전원을 모이게 하여 비디오를 보면서 상대팀의 전술운영과 주공격 방향, 수비진영 편성 등 강·약점을 함께 토의하면서 대책을 세웠다.

그래서 히딩크는 폴란드의 긴 패스에 이은 슈팅 위주의 플레이 스타일과 포르투갈 선수들은 압박에 약하다는 것을 미리 파악하고 있었다. 히딩크는 유럽 전지훈련을 마치고 복귀하면서 미국, 폴란드, 포르투갈에 대한 대비책은 이미 마련됐다며 자신감을 드러내기도 했다.

폴란드와 경기를 앞둔 2002년 6월 1일, 히딩크는 다른 중요한 경기를 앞둔 때와 마찬가지로 경기 엔트리 제출 시점까지는 언론에 선발 출전 선수를 공개하지 않겠다고 하다가 폴란드에 대한 분석을 마쳤을 때는 선발 선수에 대한 대략의 구상을 했으며, 마지막 훈련 기간에 선수들 컨디션에 따라 약간의 변화를 줄 수는 있다고 했다.

그리고 그는 지난달 파주 훈련 센터에서 비디오 분석을 한 것이 큰 틀에서 폴란드를 연구한 것이라면, 5월 31일에 실시한 분석에서는 선수들에게 폴란드의 구체적인 장 · 단점과 선수 개개인의 능력 등 세밀한 부분에 주목할 것을 요구했다면서 상대팀에 대해 철저한 분석과 대비 방안을 세웠음을 밝혔다.

실제 포르투갈전에서 세계 제일의 미드필더인 루이스 피구를 꽁꽁 묶어버린 송종국도 피구가 출전했던 경기의 비디오 자료를 자세히 분석했기 때문에 그가 어디로 움직일지 미리 파악하고 있었다고 하였다. 박지성 또한 경기 전 고트비 분석관이 포르투갈 수비수는 상대방이 볼 트래핑할 때 한 동작으로 달려들어 볼을 빼앗으려는 습관이 있음을 분석하여 알려주지 않았다면, 골을 터트리기 어려웠을 것이라 하였다.

홍명보도 히딩크 감독에 대하여, 선수들을 지도하는 것도 뛰어나지만 상대 팀을 분석하는 능력이 탁월하여 국내 지도자들보다는 좀 더 과학적이라면서 데이터에 근거한 전술 도입을 중요시하는 자세는 한국 대표 선수들이 한 단계 더 성숙할 수 있는 훈련 방법이라 하였다.

이와 같은 과학적 데이터에 기초한 훈련 준비는 훈련의 강도를 계획에 따라 조절하면서 월드컵 본선이 치러지는 6월에 최상의 몸 상태를 발휘할 수 있도록 진행하였다.

특히 유럽팀과의 평가전은 5월 16일의 스코틀랜드, 5월 21일 잉글랜드, 그리고 5월 26일 프랑스와 같이 계속 5일 간격으로 평가전을 치룬 것은 월드컵에서 6월 4일 폴란드전으로부터 14일 포르투갈전의 간격과 비슷하게 훈련하기 위해 치밀하게 계획된 의도에 따라 이루어진 평가전이었다.

이처럼 2002년 월드컵에서 히딩크의 지피지기(知彼知己)를 위한 노력의 결과는, 과연 백번 싸워도 위태롭지 않게(百戰不殆) 하였을 뿐 아니라 훌륭한 결과를 만들어 낼 수 있었던 계기가 되었다. 우리는 그러한 경험으로부터 너무나 소중한 교훈을 얻을 수 있었다.

THE ART OF WAR

군형

軍形

선승의 태세를 갖춰라

10. 이겨놓고 싸워라

군형(軍形)

적과 대치한 상태에서
군대의 배치와 군사적 태세를 설명하였다.
특히, 불가승(不可勝)의 태세를 어떻게 갖추어 자신을 보전하면서
온전한 승리를 할 것인가와
어떻게 적보다 유리한 여건을 형성하여 세(勢)를 발휘할
이상적인 형(形)을 갖출 것인가를 설명한다.

10.

이겨놓고 싸워라

어떤 일을 계획할 때, 그 일에 영향을 미치는 여러 가지 위험 요소를 찾아내어 위험을 없애거나 최소화하는 대책을 마련해야 한다. 어떤 일이든 피할 수 없는 위험은 항상 따르기 마련이기에 일을 추진하는 데 방해가 되는 여러 가지 예상하는 위험 요소를 미리 파악하여 없애거나 위험의 크기를 줄임으로써, 그 일의 성공 가능성을 높이는 것이다. 이른바, 쉽게 이긴다는 이승(易勝)의 여건을 마련하는 것이다.

이승(易勝)이란 이기기 쉬운 상대에게 이기는 것이다. 싸움하기 이전에 여러 가지 싸움에 대비한 준비를 철두철미하게 하여 이기기 쉽게 모든 여건을 조성해둔 상태를 말한다. 손자는 옛날부터 잘 싸웠다는 사람은 이기기 쉬운 상대를 즉, 여건상 이미 져 있는 상대를 이긴 것이라 했다.

그래서 옛날에 잘 싸운 사람은 적이 이기지 못할 자신의 태세를 먼저 갖추었다. 적의 허점 즉, 자신이 이길 수 있는 적의 약점이 발견되기를 기다렸다가 절호의 기회를 놓치지 않음으로써 적을 패배시키는 것이다.

손자는 방어를 잘하는 자는 깊은 땅속에 숨은 것같이 은밀하고 견고하다 했다. 공격을 잘하는 자는 높은 하늘 위에서 움직이듯이 신속하고 맹렬하면서도 자신의 움직임에 대한 기도비닉(자신의 의도와 움직임을 감춤)을 잘 유지해야 한다. 이러한 자신의 태세를 갖추어야 능히 자신을 보존하고 승리를 온전하게 할 수 있다(能自保而全勝)고 하였다.

그러므로 승리하는 군대는 항상 먼저 이겨 놓고 나서 싸우고(勝兵 先勝而後 求戰), 패배하는 군대는 먼저 싸움을 걸고 나서 나중에 승리를 구한다(敗兵 先戰而後 求勝)고 하였다.

적이 나를 이길 수 없도록 자신의 태세를 잘 갖추기 위하여 철저한 준비가 필요하고, 적에게는 불리한 위치에서 싸움하도록 강요하여야 한다. 철저한 준비는 나와 상대의 강·약점을 면밀하게 분석한 후 전투에서 활용할 수 있도록 실전적인 전술훈련을 선행해야 한다. 적에게 불리한 위치에서 싸움에 임하도록 강요하기 위하여 적보다 먼저 유리한 위치를 선점하는 등 심리적인 면을 포함한 여러 가지 여건을 자신에 유리하게 조성하여야 한다.

2002년 월드컵에서 히딩크는 우리나라에서 치러지는 월드컵인 만큼 홈그라운드의 이점을 최대한 활용하여 상대팀에게 불리한 위치에 놓이도록 여건을 조성하였다.

히딩크는 서귀포 연습구장의 잔디에 물을 잔뜩 뿌려 공이 잘 구르도록 한 상태에서 연습을 충분히 한 다음 폴란드전이 열리는 부산 월드컵구장에도 똑같이 물을 충분하게 뿌리게 하였다. 그것은 대표팀이 젖은 잔디에 취약한 폴란드 선수들보다 상대적으로 유리한 상태에서 경기하도록 조치한 것이다. 그러나 젖은 잔디에서 패스 능력이 뛰어난 포르투갈과 경기에 대비해서는 오히려 마른 구장에서 경기하도록 상황에 맞게 조치함으로써 경기가 시작하기 전에 미리 유리한 여건을 조성하였다.

또한, 폴란드전이 열리기 하루 전 히딩크는 관중들과 선수들의 도움으로 1회전에서 좋은 경기를 보여준다면 진정으로 기뽑 것이라 하였고, 미국전 후에는 붉은 악마의 질서 정연하면서도 열정적인 응원은 경기에 매우 긍정적인 영향을 미치고 있고, 경기 때마다 큰 힘을 주고 있다며 붉은악마의 열광적 응원을 간접적으로 요청하기도 했다.

이탈리아전에서는 본부석 맞은편에 'Welcome to Azzuri's Tomb'(아주리의 무덤에 온 것을 환영)이라는 문구를 걸어 이탈리아 선수들의 감정을 민감하게 자극하기도 하였으며 스페인전에서는 주심이 판정을 계속 스페인 쪽에 유리하게 적용하자 관중석에서 일제히 야유를 보내어 심리적 압박을 가하는 등 홈 경기의 장점을 최대한 이용하였다.

히딩크는 그동안 심혈을 기울여 훈련시킨 선수들의 체력과 전술적 완성도, 유럽 강호와 평가전에서 얻은 강한 자신감, 원정 경기를 준비해야 했던 상대팀의 컨디션 난조와 심리적으로 훨씬 유리한 홈그라운드에서의 이점 그리고 감독으로부터 선수들까지 한마음으로 전술 운영에 대한 확신을 갖춤으로써 한국팀은 이미 이겨놓고 싸울 수 있는(先勝而後 求戰) 태세를 갖추었다.

승리하는 팀의 기세는 무거운 바위로 달걀을 치는 것과 같고, 패배하는 팀의 기세는 가벼운 달걀로 무거운 바위를 치는 것과 같은데, 한국팀의 승리를 위한 형(形)은 천길 높은 계곡 위에 막아 두었던 엄청난 물을 터뜨리는 것과 같은 것(若決積水 於千仞之谿者)이었으며, 그 기세(勢)는 천길 높은 산에서 둥근 돌을 굴러내리는 것과 같은 것(如轉圓石 於千仞之山者)이었다.

THE ART OF WAR

병세

5편

兵勢

압도적 형세를 만들어라

11. 기정의 절묘한 배합

병세(兵勢)

군대의 조직, 통신 등 지휘 통제를 운용하고
정(正)과 기(奇)를 활용한
이정합 이기승(以正合 以奇勝)과 세(勢)를 형성하여
위력을 발휘하는 전력 운용의 원칙과 요령을 제시하며
내가 원하는 대로 적을 움직이게 하는
전투력 운용의 술(術)을 설명하였다.

11.

기정(奇正)의 절묘한 배합

전략이나 전술이 교과서적이며 기본적인 방법이라면 그것은 정(正)이며, 교과서적 방법을 기초로 상대가 예측하지 못할 여러 가지 창의적인 새로운 방법(모략, 계략, 기책, 변칙, 꾀 등)을 구사한다면 그것은 기(奇)가 될 것이다.

정(正)은 교과서적이어서 기본을 튼튼하게 하고 원칙과 기준을 제공하는 기초체력 같은 것이지만, 이미 상대에게 많은 부분이 알려져서 상대보다 압도적으로 우세하지 않다면 그것만으로는 이기기가 어렵다. 따라서 정(正)에 더하여 상대가 예측하기 어려운 다양한 기(奇)를 적절하게 구사할 수 있어야 성공 가능성이 높다.

다만, 정(正)을 무시하고 기(奇)만을 고집해서는 결코 목표한 바를 이루지 못한다. 왜냐하면 정(正)이 가장 근본적인 힘이고, 경쟁력이기 때문에 정(正)으로 대응할 수 있는 능력과 힘을 우선하여 길러야 한다. 그런 가운데 정(正)과 기(奇)가 절묘한 조화를 이룬다면 어느 한 가지 방법만으로는 결코 얻을 수 없는 더 큰 효과를 볼 수 있다. 여기에서는 정(正)은 정공법으로, 기(奇)는 기책으로 표현하고자 한다.

손자는 군대가 적을 맞이하여 반드시 패함이 없도록 하는 것이 기정(奇正) 활용 덕분이고, 군사력을 투입하면서 마치 돌을 알에 던지듯 손쉽게 하는 것은 허실(虛失) 활용 덕분이라고 하였다.

그리고 전쟁은 정으로써 적과 대치하고 기로써 승리하는 것
범 전자 이정합 이기승
(凡 戰者 以正合 以奇勝)이라 하였다. 따라서 손자는 기(奇)를 잘 사용하는 자의 기책은 천지와 같이 무궁무진하고, 강이나 바다와 같이 절대 마르지 않으며, 끝난 후 다시 시작하는 해와 달과 같고, 죽었다가 다시 살아나는 것은 사계절이 반복하는 것과 같다고 하였다.

그래서 소리나 색깔, 맛의 요소는 다섯 가지이지만 그것을

다 듣고, 다 보고, 다 맛볼 수는 없다고 했다. 마치 전세의 요소가 기(奇)와 정(正)에 불과하지만, 그 변화는 이루 다 헤아릴 수 없다는 것과 같다는 것이다.

이미 알려진 바와 같이 히딩크의 정공법은 최종 수비진용에서 플랫 스리백 또는 포백을 사용하되 스위퍼를 없애고 미드필드에서는 협력 수비로 강력한 압박을 가하여 상대팀의 공격 패스를 원천 봉쇄하는 것이다.

이를 위하여 한 선수는 여러 개의 포지션을 소화해야 하는 멀티플레이를 구사할 수 있어야 한다. 아울러 긴 스루패스를 이용하여 측면 돌파를 강화하고, 조건 없는 전진 패스보다 볼 점유율을 높이면서 경기를 지배하다가 결정적 기회가 왔을 때 침착하게 골을 넣는 것이다.

하지만 히딩크의 축구 전술은 비단 정공법에만 의존하지 않았다. 1978년 아르헨티나 월드컵 우승의 주역이었던 골키퍼 우발도 마틸도 피욜(Ubaldo Matildo Fillol)은 페널티킥을 선언하면 선수들이 심판에게 항의하는 혼란한 틈에 골키퍼는 패널티킥을 할 때 공이 놓여질 곳을 축구화로 움푹 파놓아야 한다고 한 것과 같이 상대에게 불리한 여건을 만들기 위하여 모든 선수가 틈나는 대로 부단히 노력하여야 한다고 했다.

히딩크는 반드시 이긴다는 잔인한 마음이 중요하다. 가끔 사고뭉치도 필요한데 아무도 악역을 떠맡지 않으려 한다면서 한국 선수의 순진함을 꼬집기도 했다. 그는 그라운드에서 신사는 필요 없다면서 반칙도 잘하면 전술이라 했다. 그리고 세계 최고의 선수들도 보이지 않는 반칙을 잘한다면서 상황에 따라 적절한 반칙도 팀 승리에 필요함을 역설함으로써 변칙술의 필요성을 강조했다.

2002년 월드컵에서 한국팀은 여섯 경기를 치르면서 총 123회의 파울을 범해 참가 팀 중 파울을 가장 많이 한 팀이었다. 그러나 경기당 파울은 20.5회로써 다른 국가들에 비해 상대적으로 적었으며, 일명 카테나치오로 불리는 빗장수비로 거친 플레이가 유명한 이탈리아는 우리보다 많은 경기당 21.1회의 파울을 했다. 특히 이탈리아 선수들은 공중볼을 다툴 때 팔꿈치로 상대팀 선수들을 가격했고 실제로 김태영 선수의 코뼈가 부러지기도 하였다. 이탈리아 선수들의 거침없는 플레이에 주눅 든 한국팀은 스피드 저하와 함께 패스 실수를 자주 범하는 등 경기 내내 애를 먹었다.

여기에서 주의하여 볼 부분은 우리나라 팀은 미드필드에서 강력한 압박과 거친 수비로 파울의 횟수는 비록 많았지만, 경고와 퇴장 같은 팀의 경기력을 떨어뜨리는 파울은 다른 나라보다 적었다. 아픈 기억이지만 1998년 프랑스 월드컵에서 멕시코와의 경기 중 하석주 선수의 백태클로 인한 퇴장처럼 팀의 경기력을 떨어트리는 파울엔 매우 주의하는 효율적인 축구를 한 것이다.

이처럼 정상적인 플레이 외에 보이지 않는 술(Art), 그것을 기책이라 부를 수 있는데 월드컵이 끝나고 진공청소기라 불렸던 김남일의 반칙 횟수는 최종 수비수인 최진철과 김태영의 15개에 이어 14개를 기록할 정도로 많았다.

그뿐만 아니라 축구에서 기책은 브라질과 터키 경기에서 코너킥을 차기 위해 서 있던 히바우두(Rivaldo)는 터키 선수가 신경질적으로 볼을 차 주자 얼굴에 맞은 것처럼 뒤로 넘어지면서 퇴장을 끌어낸 것과 같이 시뮬레이션 액션으로 팀에 기여한 경우도 있었다.

물론 시뮬레이션 액션으로 지목되면 경고를 받아 더 불리해질 우려도 있으나 기술적이고 정교한 액션은 기책으로서 충분한 가치가 있다.

대 포르투갈전이 있던 전날까지 미국전에서 부상을 당한 박지성과 이영표의 선발 출전에 대해 이렇다 할 언급을 하지 않던 히딩크는 대표팀 전체에 부상선수의 상태에 대하여 함구령을 내림으로써 상대팀의 전술운영에 어려움을 주었던 것이나, 패스를 많이 하는 한국팀의 플레이 특성과 상대팀의 플레이 특성을 고려하여 물을 뿌리기도 하고, 뿌리지 않기도 하면서 기책을 발휘하였다. 기책의 변화는 무궁무진한 것이기 때문에 모든 사례를 다 언급하기는 제한된다.

그래서 정공법을 기반으로 하여 기책을 상황에 따라 적절하게 구사하면서 승리를 달성해야 한다. 전술의 결과는 그것이 기(奇)이든 정(正)이든 상관없이 오로지 승리로 말해 준다.

이처럼 전세 요소는 기(奇)와 정(正)에 불과하지만, 그 변화는 다 헤아릴 수 없다는 손자의 말처럼 2002년 월드컵에서 한국 대표팀이 상대와의 머리싸움에서 구사한 눈에 보이지 않은 기책은 정공법과 함께 절묘한 배합을 이루면서 무궁무진한 승리의 방책들로 활용했다. 이는 팀의 승리에 큰 영향을 주었다.

THE ART OF WAR

허실

虛實

주도권을 장악하라

허실(虛實)

적을 끌어들이되 끌려가지 않고,
적은 드러나게 하되 자신은 드러나지 않게 하여
전쟁에서 주도권을 잡고,
물의 근본 속성처럼 적의 강한 곳은 피하고
약한 곳을 치는 전투력 운용과 허와 실에 관해 설명하였다.

12.

축구는 기세와 주도권 싸움이다

상대방이 원하는 대로 끌려다녀서는 자신이 원하는 싸움을 할 수 없다. 상대방이 싸우기 좋은 시간과 장소 등의 조건에 자신이 끌려가서 싸우면 당연히 불리한 싸움을 할 수밖에 없다. 따라서 상대에게 끌려다니지 말고, 오히려 자신이 원하는 시간과 장소로 상대를 끌어들여 자신이 원하는 방식으로 싸움을 이끌어야 이길 수 있는데, 이것을 주도권이라 한다.

주도권은 개인과 조직 간의 경쟁 관계에서 상대를 압도하여 자신에게 유리한 상황을 조성해 나가는 것을 말하는데, 이러한 형국을 세(勢)라고 부른다.

전쟁에서 세(勢)는 주도권(主導權)을 갖는다는 것이고, 이는 전장에서 전투원의 사기와 연결하여 삶과 죽음을 가르는 승패의 요소로 작용하기 때문에 일반적으로 이해하는 주도권과는 차원이 다르다. 하지만 일반적인 경쟁 관계에서 주도권을 가진 일방이 상황을 좌지우지할 능력이 있으므로 지속적으로 자신에게 유리한 상황을 만들어 감으로써 승리할 수 있다.

손자가 말한 세(勢)의 속성은 나무와 돌처럼 안정적인 곳에 있으면 움직임이 없고, 가파른 곳에 두면 움직이며, 모가 나 있으면 정지하고, 둥글면 굴러가는 본성을 갖고 있다. 세를 만드는 것은 사람을 싸우게 함에 있어서 나무와 돌을 굴리는 것과 같이하는 것이다. 잘 싸우게 하려면 마치 둥근 돌을 천 길 산 위에서 굴리는 것과 같이 할 수 있어야 한다.

그래서 조직 구성원을 운용하며 개인별로 가장 능력을 발휘할 수 있는 적재적소에 인재를 배치한 다음, 그 능력을 발휘할 동기(위기, 경쟁, 보상 등)를 부여하여, 조직의 목표 방향으로 구성원의 모든 의지가 한데 모아진 세(勢)를 발휘할 수 있도록 해야 한다.

손자의 세(勢)는 이로움에 따라 다양한 상황을 장악하고, 처리해 나가는 주도권을 갖는 것(勢者 因利而制權也)이라 했다. 즉, 승리를 위해서 전장에서 나타나는 각종 불확실한 상황을 관리하고, 그 상황에 대하여 적절하게 대응하고 조치하면서 전세를 자신의 의지 대로 유리하게 조성하여 주도해 나가는 것이다.

여기서 손자의 세(勢)는 거센 물에 돌이 떠내려가는 것과 같고, 둥근 돌을 천 길 산꼭대기에서 아래로 굴려내리는 것과 같으므로 병졸을 잘 훈련해 싸우게 할 때 마치 목석(木石)을 굴리는 것처럼 자유 자재롭게 하여야 한다고 했다.

전세를 좌우하는 것이 주도권인데, 손자는 싸울 장소에 적보다 미리 자리를 잡아서 뒤늦게 오는 적을 맞이하는 자는 편하고, 뒤늦게 도착해서 싸움에 끌려 들어가는 자는 힘듦으로 잘 싸우는 자는 적을 끌어들이되 적에게 끌려가지 않는 것(致人而不致於人)이라 하였다.

이는 줄다리기에서 상대에게 끌려가면 짐으로 반드시 상대를 끌어와야 하는 것과 같은 이치이다. 만일 상대에게 끌려가면 주도권을 잃은 상태에서 상대의 의도에 따라 나의 운명이 질질 끌려다니는 것을 의미하는 것이므로, 반드시 상대를 끌어와서 자신의 의도대로 주도권을 행사하여 승리를 쟁취해야 한다.

적을 끌어들이기 위해서는 적이 반드시 구해야 하는 핵심적인 곳을 공격함으로써 아무리 튼튼한 참호에서 방어만 하려고

버텨도 어쩔 수 없이 나와서 싸울 수밖에 없도록 해야 한다.

그리고 천 리를 진격하여도 절대로 피곤하지 않은 것은 적이 없는, 대비하지 않은 곳으로 나갔기 때문이며, 적의 형태를 드러나게 하고, 자신의 형태는 감춤(形人而我無形)으로써 결과적으로 자신은 뭉치고 적은 분산하여 능히 적의 생사를 좌지우지할 수 있다고 강조했다.

이는 마치 권투에서 상대의 눈을 가리고 대결하는 것과 같다. 상대는 나를 보지 못하므로 내가 어디를 공격할지 모르므로 자신이 어디를 방어해야 할지 모르는 것이다. 한마디로 나의 모습은 감추고 상대는 드러나게 할 때, 게임의 결과는 불 보듯 뻔한 게 아닌가.

싸울 시기와 결전 장소를 자신에게 유리하도록 정하고, 그곳에 상대보다 먼저 점유하여 만반의 준비를 한 상태에서 허둥지둥 뒤늦게 도착한 상대를 맞이하여 싸움을 벌인다면 편안하게 상대할 수 있다. 그래서 손자는 '싸울 장소와 싸울 시간을 알면 가히 천 리에 걸쳐 싸울 수 있다(知戰之地 知戰之日 則可千里而會戰)'라고 하였다.

이처럼 사람이나 환경에 지배당하지 않고, 상대보다 미리 생각하고, 행동하여 자신에게 유리한 상황을 만들어 승기를 잡음으로써 주도권을 가져야 한다.

히딩크의 축구 철학은 압박과 지배이다.

상대팀 공격수가 드리블할 때 순간적으로 두세 명의 선수가 에워싸서 압박하면, 상대 선수는 플레이 공간을 제한받아서 급하게 패스하다가 실수하거나 공을 빼앗긴다.

예를 들어 공격진영 좌중간에서 볼을 빼앗기면 좌측 날개와 좌측의 미드필더, 중앙 미드필더 등 세 명의 선수가 동시에 압박하여 볼을 다시 빼앗고, 볼을 중앙으로 연결하면 수비형 미드필더와 공격형 미드필더, 그리고 측면 공격수가 일제히 압박을 가함으로써 그라운드 내 어디에서든지 상대가 1~2명이면 한국팀은 3~4명으로 에워싸기 때문에 항상 국지적인 수적 우세를 장악하였다. 이처럼 히딩크는 90분 내내 경기를 지배하여 주도권을 장악하는 축구를 원했다.

그는 자신의 목표를 90분간 통제할 수 있는 팀을 만드는 것이라며 선수들은 포지션별로 임무를 정확하게 파악하여야 할 뿐 아니라 상황에 따른 전술 변화를 이해할 수 있어야 좋은 경기를 할 수 있다고 하였다.

부임 후 10개월이 되었을 때, 한 신문사와의 인터뷰에서 경기의 지배 즉, 주도권 장악이 축구에서 얼마나 중요한지에 대한 그의 승부 철학을 엿볼 수 있다.

그는 경기를 주도할 수 있는 경기력을 갖춰나가는 것이 무엇보다 중요하다고 강조하였다. 비록 16강에 들지 못해도 세 경기 모두 잘 뛰고, 운이 나빴다는 평을 듣는 게 더 낫다면서 게임을 지배할 수 있다면 승리는 자연스럽게 따라서 온다고 한 것이다.

이처럼 경기가 이루어지는 90분 내내 상대를 압도하기 위하여 필요한 시기에 필요한 공간과 필요한 만큼의 선수가 있어야 한다. 따라서 상대보다 먼저 유리한 위치를 차지함으로써 상대 선수를 불리한 위치에 있도록 강요해야 한다. 그렇게 하기 위하여 상대보다 월등한 체력과 기동력을 전제하여야 함은 당연하다.

히딩크는 그라운드에서 체력과 스피드가 앞서는 선수가 이길 수밖에 없다고 보기 때문에 대표팀 선수 선발 시 기동력을 첫 번째로 보았다고 한다. 부임 후, 그는 스피드와 체력을 보강하기 위해 총 9단계의 체력강화 프로그램을 실행했다. 본선 기간에 최고의 컨디션에 이르도록 초점을 맞추고 단계적인 훈련을 시켰다.

그리고 경기에서 주도권을 장악한다는 것은 볼 점유율과 상당한 관계가 있다. 시종일관 자신의 팀이 볼을 점유한다면 상대적으로 경기의 흐름을 장악하여 골인의 기회를 많이 가질 것이다. 그만큼 이길 확률이 높아진다. 물론, 볼 점유율이 높다고 무조건 승리하는 것은 아니다. 축구는 골을 많이 넣은 팀이 이기는 것이고 시종일관 볼 점유율이 높아도 골을 넣지 못하면 패배한다.

반대로 볼 점유율이 낮아도 골을 많이 넣는 팀이 이긴다. 하지만 볼 점유율이 높다는 것은 볼을 점유한 가운데 여러 가지 전술적인 시도를 통해 골인의 기회를 상대보다 더 많이 갖게 되므로 상황을 통제할 수 있다. 따라서 볼 점유율은 경기에서 주도권을 갖는 것이며 경기의 기세를 유지할 수 있게 하는 중요한 조건이 되므로 축구에서 볼 점유율은 중요하다.

히딩크는 무조건 전진 패스만 하다가 상대에게 끊기면 오히려 역습의 위험이 발생하기 때문에 무리한 전진 패스보다 백패스를 권장하여 볼 점유율을 높이고 기회를 포착하면 전진 패스로 공격의 활로를 찾는 '영리한 플레이'를 통해 경기를 지배해 나가는 축구를 추구했다.

볼 점유율은 폴란드와의 경기에서 51 : 49의 비율로 앞섰고,

미국전에서는 57 : 43으로 앞섰으며, 4강 진출을 결정지은 대 스페인전에서는 52 : 48로 우세하여 시종 게임을 지배한 것으로 분석되었다. 한국 대표팀이 4강까지 진출한 배경에는 히딩크의 축구 철학인 '게임의 지배'가 주효했기 때문이라는 분석이다.

둥근 돌을 천 길 산꼭대기에서 굴리면 이후에는 가속도가 붙어 따로 굴리는 노력을 하지 않아도 스스로 굴러 내려가는 것과 같이 한 번 세(勢)를 형성하면 걷잡을 수 없는 기세를 유지할 수 있다.

히딩크는 부임 후, 꾸준하게 경기를 지배하기 위하여 훈련했다. 프랑스와의 평가전 후 설기현 선수는 작년처럼 프랑스에 끌려다닌 것이 아니라 오히려 플레이할 때는 끌고나왔기 때문에 많이 좋아졌다고 했고, 포르투갈과의 16강전 직후 히딩크는 전반부터 경기의 주도권을 쥐고 상대에게 기회를 허용하지 않았던 것이 주효했다고 한 것만 보아도 경기에서 주도권을 갖는다는 것이 얼마나 중요한 사실인지 알 수 있다.

스페인 감독이었던 호세 안토니오 카마초(Jose Antonio Camacho)는 이탈리아와의 8강전을 관전한 후 극찬을 아끼지 않았다.

그는 이번 월드컵에서 지금까지 봐왔던 경기 중, 제일 격렬하고 역동적인 경기였다면서 한국 선수들은 전·후반뿐만 아니라 연장전까지 110분 동안 절대 지치지 않고 상대팀을 압박했다고 술회하였다.

이처럼 상대에게 끌려다니지 않는 것, 반대로 내가 의도하는 방향대로 상대를 끌고 다니는 것. 그것이 주도권 장악이며 세(勢)의 발휘이다.

축구에서 주도권을 빼앗기면 선수들은 자신감을 상실하고 제 기량을 발휘하지 못하여 무기력하게 패배한다. 그래서 축구는 누가 먼저 기세를 유지하면서 주도권을 장악해 가느냐의 싸움이다.

일반적인 경쟁 관계에서도 마찬가지이다. 상대방보다 먼저 생각하고 대비하여 유리한 위치를 선점한다면 경쟁 상대는 상대적으로 불리한 위치에서 경쟁해야 하므로 경쟁에서의 승리는 주도권을 갖고 준비한 사람에게 돌아감이 당연하다.

손자가 말한 바와 같이 잘 싸우는 자는 상대를 끌어들이되 상대에게 끌려가지 않는 것(致人而 不致於人)이라 한 것과 같은 이치이다.

13.

THE ART OF WAR

물을 닮은 전술운영, 막히면 돌아가라

물은 일정한 모양을 갖고 있지 않다. 그래서 사각 그릇에 담으면 사각형이 되고, 둥근 그릇에 담으면 둥근 형태를 유지한다. 그리고 물은 항상 높은 곳에서 낮은 곳으로 흐르고, 흐르다가 바위나 산에 막히면 돌아서 흐른다. 그렇게 흐르는 과정에서 수많은 장애물이 있지만, 막히면 돌아 흐르고 때론, 고여서 넘치고 때론, 고요하게 중단 없이 흐르기 때문에 바다에 이른다.

'물이 흘러가는' 것과 같은 의미로 만든 한자가 바로 법(法)이다. 이 법 자는 삼수(氵) 변에 갈 거(去) 자가 합쳐진 모양으로

물이 높은 곳에서 낮은 곳으로 흐르듯, 자연스러운 순리를 따른다는 의미이다. 그래서 사람들은 물의 흐름처럼 순리대로 살아야 한다는 것을 빗대어 '법대로 살아라'라고 표현하기도 한다.

손자는 병형상수(兵形象水)라 하여 '전쟁에서 용병은 물의 흐름처럼 해야 한다'고 강조한다.

물이 높은 곳을 피해 낮은 곳으로 흐르고, 땅의 형태에 따라 그 흐름의 방향을 바꾸듯, 용병의 형태도 물의 성질을 닮았으니, 적의 대비가 강한 곳을 피해 약한 곳을 쳐야 하고, 적의 형태에 따라 용병하여 승리를 만들어나가는 것이라 한다.

따라서 물이 일정한 형태가 없는 것(水無常形)처럼 용병에도 일정한 세가 없이(兵無常勢) 능히 적의 변화에 맞게 승리를 쟁취하여 나가는 것을 일컬어 신의 경지(能因敵變化 而取勝者 謂之神)라 하였다.

히딩크는 부임한 후 첫 기자회견에서 대표팀에 당부하는 말을 건넸다.

그는 아무리 배기량이 큰 자동차라도 계속 고속으로 달릴 수는 없는데, 한국 선수들이 너무 저돌적으로 플레이하다 보니 전술적 위치를 쉽게 잃어버리고 선수들 사이에서 밸런스가 깨

어진다고 했다. 조직적인 플레이에서 파괴적인 플레이가 나오기 때문에 선수들에게 강한 수비와 함께 경기를 통제할 수 있는 능력을 키워주고 싶다고 하면서, 패스할 때도 리듬과 템포를 살려 강할 땐 강하게, 약할 땐 약하게 차는 것을 잊지 말라고 당부했다.

이처럼 히딩크는 한국 선수들이 물 흐르듯 유연하면서 경기를 통제할 수 있는 팀으로 육성하기 위해 애썼다. 히딩크가 경기를 통제하는 선수의 능력을 강조한 것은 축구에 있어서 상황 변화는 셀 수 없이 많고, 불확실성의 연속일 수밖에 없으므로 이를 상황별로 탄력적으로 대처할 수 있도록 유연함을 길러야 한다는 것이다.

선수들에게 상대팀 포메이션에 따른 전술 변화를 훈련하면서 상황에 따른 대응 능력과 경기 통제 능력을 강화했다. 상대 공격수가 원톱일 때와 투톱일 때, 상대팀의 포메이션에 따라 우리팀의 포메이션을 탄력적으로 변화시키면서 상황별 형태를 다르게 적용하였다.

그뿐만 아니었다.

히딩크는 16강 진출의 핵심 승부처인 포르투갈과의 경기에서 김태영 선수에게 포르투갈 핵심 공격수인 주앙 핀투(Pinto)

를, 송종국 선수에게 루이스 피구(Luis Figo)를 전담 마크하도록 하였다. 상대 팀이 보기에 거의 다섯 명의 수비수가 뛰는 것으로 보일 정도로 변칙적인 수비를 하다가 전반 27분 포르투갈의 주앙 핀투가 박지성에게 백태클을 해서 퇴장당한 뒤에는 다시 스리백으로 전환하는 등 경기의 상황에 따라 전술을 계속 변화시켰다.

그리고 그는 무리한 전진 패스를 원하지 않았으며 백패스에 대해서도 뭐라 하지 않았다. 공격수가 공을 받을 준비가 되지 않은 상태에서 속공을 위해 패스하면 중간에 차단당하여 오히려 상대 팀에게 역습의 기회를 제공하기 때문이다.

어렵게 상대방의 공을 빼앗았음에도 성급하게 전진 패스를 하면 공격수가 미처 공간을 확보하여 받을 준비도 하기 전에 무리하게 연결하게 되고 그 공을 상대 선수가 가로채면서, 오히려 역습을 당하니 차라리 공격수가 공간을 확보할 때까지 백패스를 통해 공격의 활로를 모색하라는 것이다. 즉, 막히면 돌아가라는 주문이다.

손자도 오행의 어느 한 가지도 다른 모든 요소를 이길 수 없고(五行無常勝), 사계절도 언제나 고정됨이 없으며(四時無常位), 해도 짧고 길이 있고(日有短長) 달도 지고 뜸이 있듯이(月有死

生) 모든 유기체와 자연현상은 상생과 상극의 요소가 함께 공존하며 자연 섭리와 상황에 따라서 끝없이 변화한다. 따라서 그 변화에 적절하게 대응하면서 승리를 만들어 가야 한다고 강조하였다.

그래서 한국팀의 훈련은 좁은 공간에서 짧은 패스 연습에 집중하였고, 선수가 아무 생각 없이 패스하면 히딩크는 왜 가운데 길로만 가려 하는지와 옆길로 가면 훨씬 더 빠른 길이 있는데 상대 수비의 압박이 들어오는 곳에 굳이 볼을 주는 이유가 뭔지 말해보라면서 엄하게 꾸짖었다.

이러한 노력으로 선수들은 다른 선수가 볼을 안정적으로 받을 수 있는 공간을 확보하고 동료가 있는지를 먼저 본 후에 패스하였고, 만일 여의치 않을 경우 측면 또는 백패스를 하여 볼을 점유하면서 공격의 기회를 다시 만들어 가는 노련한 경기 운영 능력을 갖추었다.

만일 수비수가 상대에게 볼을 빼앗기면 최종 방어지역인 수비 지역의 특성상 돌이킬 수 없는 결과를 가져오기 때문에 반드시 우리 선수에게 볼을 연결하려고만 애쓰지 말라고 했다. 즉, 위험을 무릅쓰고 정교한 패스를 할 것이 아니라 멀리 차내거나 밖으로 차 내도록 권장했다.

터키전에서 (故)유상철 선수가 홍명보에게 패스한 것을 터키의 만시즈에게 어이없이 빼앗겨 경기 시작 11초 만에 쉬쿠르에게 첫 골을 허용한 것과 같은 상황을 우려했다.

박항서 코치는 히딩크의 스타일에 대해 '생각하는 축구'라 단언했다. 경기 종료 2분 전 1 : 0으로 이기고 있을 때와 지고 있을 때의 특정 상황을 부여하여 선수들에게 경기를 어떻게 운영 할 것인지 스스로 생각하고 판단하라는 식이었다. 이와 같은 그의 지도 방식은 흐르는 물이 움푹 팬 곳에서는 고이고 낮은 곳으로 흘러가려는 이치와 같다.

히딩크는 경기중 상대 선수를 마크하다 보면 포지션별로 빈 공간이 생기기 때문에 이러한 공간을 다른 선수가 신속하게 채우는 커버 플레이를 많이 강조했다. 그래서 최전방의 스트라이커가 뒤로 처지면 공격형 미드필더가 최전방으로 나가서 후방에서 패스해주는 볼을 받으라고 했다.

이처럼 물이 고이고 흐르면서 높은 곳에서 낮은 곳으로, 막히면 돌아서 흘러가듯, 전투력 운용도 상대의 실한 곳을 피해서 허점을 치고, 상대가 대비하지 않거나 뜻하지 않은 곳으로 공격해야 하는 이치와 마찬가지로 축구에서도 막히면 돌아가야 한다. 그런데도 오로지 불도저처럼 뚫고 지나가려고만 한다면 유럽보다 개인기와 체격이 부족한 한국 선수들의 현실을 참작해 볼 때 실패할 확률이 훨씬 더 높다.

손자는 싸워 이기는 방법은 같은 방법을 반복하지 않고 적과 자신의 형세에 따라 무궁하게 변화시키고, 막힘 없이 응용하여 나가야 한다(其戰勝不復 而應形於無窮)고 했다.

그래서 히딩크는 선수들에게 주문하고 가르친 것이 '막히면 돌아가라'였다. 그것은 손자가 말한 병형상수(兵形象水)의 이치와 같은 것이다.

THE ART OF WAR

군쟁

軍爭

유리한 조건을 만들어라

14. 돌아가는 길이 더 빠르다 | 15. 잘 먹이고, 잘 입히고, 잘 재워라
16. 적의 기세와 장수의 마음을 빼앗아라
17. 궁지에 몰린 적은 지나치게 핍박하지 말라

군쟁(軍爭)

전쟁터에서 적과 대치하여
승리하는 방법과 계책을 설명하면서
돌아감으로써 더 빨리 간다는
우직지계(迂直之計)의 간접접근 용병술과
장수의 중요하고 어려운 책무인 전장의 변화를 관리하며
공격할 때의 주의사항을 제시하였다.

14.
돌아가는 길이 더 빠르다

어떤 길을 갈 때 장애물이 있더라도 물리적 거리가 가깝다는 이유로 앞으로 직진하려 한다면 물리적 거리는 비록 더 멀지만, 장애물이 없는 쉬운 길로 돌아가는 사람보다 목적지에 빨리 도달할 수 없다.

예를 들어 등산하다가 산 중턱에서 절벽을 만나면 그 절벽의 바로 위가 정상이므로 암벽에 로프를 걸고 등반하려 한다면 비록 옆으로 빙 돌아가더라도 등산로를 따라 오르는 것보다 빨리 갈 수 없다. 물론 물리적 거리가 가까운 방향에 장애물도 없다면 그 길이 돌아가는 것보다 빠를 것이다. 그러나 여기에서 말하는 것은 곧바로 가는 길에 장애물(적이나 근심거리 등)이 있을 때는 돌아가는 것이 더 빠름을 말한다.

속담에 '급할수록 돌아가라'라는 말이 있는데, 돌아가는 것이 더 빠르다는 것을 일컬어 손자는 우직지계(迂直之計)라 하였다.

손자는 용병 방법에 있어 군쟁(軍爭, 군대를 사용하여 승리를 쟁취하는 것)보다 어려운 것이 없다며 군쟁의 어려움은 돌아감으로써 더 곧바로 가듯이 빨리 가야 하고(以迂爲直), 근심이 되는 불리한 상황은 오히려 유리하게 활용해야 하기(以患爲利) 때문이라 했다.

따라서 돌아가면서도 적에게 유리한 것처럼 적을 유인하고, 적보다 뒤늦게 출발하고서도 더 일찍 도착할 수 있는 것이 바로 돌아감으로써 더 빠르다는 '우직지계(迂直之計)'라 하였다.

그래서 손자는 그 빠름은 바람과 같이하고(其疾如風), 느림은 숲과 같이하고(其徐如林), 침략은 불과 같이하고(侵掠如火), 움직이지 않음은 산과 같이하고(不動如山), 어둠처럼 적이 나의 움직임을 알기 어렵게 하고(難知如陰), 내가 움직이고자 할 때는 천둥과 번개같이 빠르게 해야 하고(動如雷震), 토산물을 빼앗으면 나누어주고(掠鄕分衆), 땅을 얻으면 이익을 나누고(廓地分利), 상황을 평가하여 움직이되(懸權而動), 먼저 우직지계의 이치를 아는 자는 승리할 수 있을 것이며 그것이 곧 군쟁(軍爭)의 법이라 하였다.

히딩크는 2002년 월드컵을 준비하는 과정에서 국민을 참 답답하게 했다. 부임 후 첫 훈련에서 선수들이 수십 년간 훈련한 기본적인 패스 연습을 시키고, 월드컵 직전까지 엔트리를 결정하지 않아 많은 팬의 마음을 긴장하게 하였다.

월드컵을 한 달 남겨 놓고는 기본적인 체력훈련을 한답시고 법석을 떨기도 했다. 하여 국내 축구 전문가는 하나 같이 그를 비난하였다. 도대체 시간이 없는데 기본적인 패스 연습과 체력훈련은 왜 하는 것이며, 포지션도 제대로 정하지 않은 상태에서 신인 선수 발굴에만 노력을 기울이고 있으니 참으로 답답할 노릇이 아닐 수 없었다.

그러나 히딩크는 기본을 무시하고 무조건 빨리만 가려는 분위기를 탐탁하지 않게 여겼다. 한국팀의 16강 진출이라는 일차적인 목표에 집착하지 않고, 오히려 세계무대에서 당당하게 실력을 발휘하여 인정받으려 했다.

그래서 그는 수십 년간 실패한 프로그램으로 16강에 갈 수 없다. 축구 강국들과 격차를 좁히려면 세계적 강호들과의 대결을 피해서는 안 되며, 지는 한이 있더라도 가시밭길을 걷겠다는 자신의 의지와 소신을 밝혔다.

이처럼 우직지계는 위기와 불리함을 돌아감으로써 오히려 유리함으로 전환하는(以患爲利) 이른바, 전화위복의 기회로 역이용할 수 있는 계책이다. 명절이나 휴가철에 목적지까지 꽉 막힌 고속도로를 이용하기보다 비록 거리로는 멀리 돌아가지만, 교통 체증이 덜한 국도로 가는 것이 더 일찍 도착하는 것(以迂爲直)과 같은 이치이다.

히딩크는 부임 후, 첫 단계 훈련으로 패스 연습을 시켰다. 선수의 볼 컨트롤 능력과 함께 패스의 완급을 조절하는 훈련으로 상황에 맞도록 정확하게 줄 곳을 찾아서 패스하는 법을 훈련했다. 만일 생각 없이 패스하면 왜 그곳으로 패스했는지 이유를 설명하라고 했다.

그 다음 훈련은 미니게임을 하면서 선수들이 자신의 포지션별 역할을 숙달했고, 그리고 그 다음 훈련은 선수들로부터 저승사자로 불린 레이몬트 베르하이옌의 주도로 이루어진 '파워 프로그램'이었다. 그런 후 마지막으로 체력훈련을 병행한 전술 훈련을 시행하였다.

그는 대표팀 워크숍에서, 앞으로 100일도 남지 않은 시점에서 훈련은 4단계로 진행할 것이다. 체력강화, 멘탈 게임 능력 향상, 연습경기를 통한 완성도 테스트, 마지막 단계는 세계 최강팀을 상대로 최종 마무리하는 기간이 될 것이라면서 6월을 목표로 최고의 몸 상태에 이르게 한다는 계획을 추진하였다.

그런 와중에서 FIFA 컨페더레이션스컵(대륙간컵)과 북중미카리브축구연맹이 2년 마다 개최하는 골드컵의 부진으로 비판적 여론이 급등하였지만, 히딩크는 결코 소신을 굽히지 않았다. 그는 여론을 수렴하면 자신의 축구 철학이 흔들릴 수 있고, 전술적 완성도가 방해받을 수 있으므로 오로지 자신이 생각하는 축구의 길을 가겠다고 공언했다.

비록 돌아가는 한이 있더라도 기본적인 것에서부터 준비해야 목적지에 빨리 간다는 이치이다. 홍명보 선수는 히딩크에 대해 다음과 같이 말하였다.

"1월 말 울산 합숙 훈련 이후에 가진 홍콩 칼스버그컵(Carlsberg Cup)대회는 히딩크 감독님에 대하여 확신을 갖게 해준 대회였다. 홍콩 대회를 거치면서 느낀 것은 히딩크 감독님이 상당히 기본을 중시한다는 점이다. 패스, 슈팅, 전술 등에서 기본기를 무척 강조하는 모습이 인상적이었다. 또한, 볼이 가는 곳에서는 선수

숫자가 우세해야 한다는 축구 경기의 단순한 진리에 매우 충실했다. 이런 점은 훈련과 경기를 반복하는 과정에서 히딩크 감독님이 이전의 국내 감독과는 다르다는 것을 느끼게 하는 요인이었다."

-《홍명보, 영원한 리베로》, 2002.2.25., p.44〉

2001년 3월, 국내 축구 전문가와 여론은 히딩크에게 최종 명단 조기 확정을 강력하게 요구하였지만, 그는 선수 발굴을 위한 테스트를 끈질기게 진행하였다. 이미 선발한 기존의 선수조차 체력 및 정신적 문제를 이유로 자주 바꾸는 등 여전히 자신의 소신을 굽히지 않았다.

히딩크 감독은 부임 직후, 많은 자료와 축구 관계자의 조언에 의존하기보다 먼저 프로 경기는 물론, 실업, 심지어는 대학 경기가 열리는 흙먼지 날리는 운동장을 직접 찾아다녔다. 힘들이지 않고 앉아서 인재를 얻기보다는 자신이 구상하는 최적의 인재를 직접 현장에서 선발하겠다는 의도에서였다.

그의 선수 확보 전략 중, 주목할 만한 점은 선수의 명성이나 출신학교, 과거의 경력에 지나치게 얽매이지 않았다는 것이다. 특히, 과거의 국제 대회 경험보다는 현재의 능력과 성장 가능성을 중시하여 차두리, 이을용, 김남일 등과 같은 큰 경기 경험이 없고 나이가 어린 선수에게도 문호를 개방하였다. 결국, 이들이 우리나라의 4강 진출에 결정적 임무를 수행했던 것이다.

- 김기태, LG주간경제, 히딩크에게 배우는 인사관리, 2002.7.10., p.33

히딩크의 선수 선발기준은 오로지 실력이었다.

그는 자신의 선수기용 기준은 그 선수가 얼마나 다양한 포지션을 소화해 낼 수 있는지와, 지시된 작전을 수행하는 빠르기와 체력을 가졌는가 하는 것이라며, 일부에서 제기된 신진선수 기용에 대한 비판에 대해 자신의 소신을 밝혔다.

그의 선수선발 방침은 기존의 명성을 얻었던 선수들의 긴장감을 자극하였다. 홍명보는 컨페더레이션스컵을 앞두고 황선홍이나 최용수 등 기존의 주전급 포워드를 제쳐두고 어린 설기현을 주전으로 훈련시키고 또 선발로 출장시키는 것에 대한 충격을 받고 다소 느슨해진 긴장감이 바짝 조여 왔다고 말했다.

그뿐만 아니라 축구계 인사들이 대표팀 엔트리를 조기에 확정하고 포지션별로 숙달을 해야 한다는 요구에 히딩크는 축구협회나 프로축구 구단에서 자신에게 많은 충고를 하는데 대개는 선수들의 장 · 단점에 관한 것들이라 했다. 그러나 중요한 것은 축구에 대해선 자신의 방식이 있고 원칙적으로 그것을 계속 추진하겠다면서도 자신이 모든 것을 파악할 수 없으므로 모든 일은 코치진과 협의하면서 결정한다고 하였다.

히딩크가 최종 엔트리를 결정하기까지는 대표팀을 맡은 이후 약 1년 반 정도 걸렸다. 그는 자신이 눈여겨본 선수들에 대해 경기장 등을 일일이 찾아다니며 충분한 시간을 갖고 지속적으로 관찰하고 점검하였다.

이러한 과정에서 선수들은 서로 경쟁심을 가지고 자신의 역량을 최대치로 끌어 올리려는 노력을 게을리하지 않았다.

이처럼 엔트리를 조기에 확정하지 않고 끝없이 선수를 관찰하고 평가하여 기량이 최고로 우수한 선수 23명을 선별하였으니, 조급하게 서둘러서 바로 결정하지 않고 비록 천천히 돌아가더라도 제대로 된 선수선발을 한 것이다. 당시 대표팀을 거쳐 간 선수는 무려 63명이나 되었다.

히딩크의 지도를 받은 선수들은 모두 '멀티 플레이어'가 되어야 했다. 스코틀랜드와의 평가전에서 대승을 거둔 뒤 이천수는 붙박이 포지션 없이 다양한 위치에서 훈련해 온 덕분에 경기 중 상하좌우를 이동해도 전혀 낯설지 않았다고 하여 그동안 히딩크가 꾸준히 숙달시켜 온 멀티플레이의 효과가 입증되었다.

아울러 체력 면에서도 유럽의 어떤 팀보다도 뒤지지 않고, 엄청난 스피드와 경쟁심, 그리고 어떤 포지션도 능히 소화할 수 있는 멀티플레이어의 능력을 갖추게 함으로써 히딩크가 생각했던 압박축구의 전술적 완성도를 갖춘 것이다.

홍명보는 히딩크의 지도 방식에 대해 한마디로 기본적인 것을 중요시하는 지도자이며, 기본기가 충실해야만 이길 수 있다는 믿음을 갖고 있다고 했다. 그러면서 히딩크 감독이 부임하면서 그동안 너무나 중요한 사실을 잊고 있었던 게 아닌가 하는 생각을 할 정도였다며 찬사를 보냈다.

히딩크는 한국팀의 문제점이 수없이 쌓여 있어 해결해야 할 과제가 산적한 상태로 곧장 본선으로 향해 가려 하는 직선 행을 선택하지 않았다. 선수선발, 체력 향상, 패스 능력 등 기본적인 것을 충분히 갖추었다. 첩첩이 쌓인 장애물을 하나하나 제거하면서 월드컵을 준비함으로써 비록 돌아가더라도 오히려 더 빨리 가는 '우직지계(迂直之計)'를 선택했다.

15.

잘 먹이고, 잘 입히고, 잘 재워라

조직이나 개인이 중대한 경쟁의 장에서 상대를 압도하고 승리하기 위해서 먼저 충분한 실력을 갖추어야 한다. 그런 가운데 여타의 수단과 노력이 뒤따라야 하는데, 이 중에서 매우 중요한 것은 경쟁에 나서는 전사에게 최상의 복리후생을 지원하는 것이다.

전장에서 치열하게 경쟁해야 하는 전사들이 먹고, 입고, 자는 것을 걱정하면서 경쟁자를 상대하여야 하면, 경쟁에 집중할 수 없을 뿐 아니라 기본 복리후생을 뒷받침하지 않으면 전투력을 강하게 발휘할 수 없다.

군에서는 그것을 지속지원이라 하여 전투부대에 전투근무 지원부대를 편성하여 먹고, 입고, 자는 것에 대한 지원뿐만 아니라 각종 전투 장비의 보급과 정비, 의무지원, 수송지원, 인사근무지원 등에 대해 후방지원을 하는 시스템을 갖추고 있다. 그 지속지원 능력이 곧 전투력 발휘의 근간이고 전쟁을 지속시켜 나가는 원동력이다. 그래서 군에서의 작전은 전투에서 승리하고 군수는 전쟁에서 승리한다는 말이 있다.

손자병법에서는 군쟁(軍爭)은 부대 전체를 이끌고 싸움에 임하는 것이고, 중쟁(衆爭)은 정예부대만 이끌고 싸움에 임하는 것이다. 이 두 가지 운용과 활용을 조화롭게 잘 배합하여야 군쟁과 중쟁의 유·불리점을 상황에 따라 잘 적용하여 유리한 전투력을 운용할 수 있다고 보았다.

그러면서 중쟁(衆爭)의 위태로움으로 전 부대를 두고 정예로 싸우면 치중부대(輜重部隊, 전투근무지원을 하는 부대)를 떼어 낸 상태에서 신속하게 부대를 이동해야 하므로 전투력 저하와 함께 발생하는 여러 가지 폐단을 설명하였다.

손자는 이러한 폐단으로 '군대에 전투근무 지원부대가 없으면 망하고(軍無輜重則亡), 양식이 없으면 망하고(無糧食則亡), 보급물자 축적이 없으면 망한다(無委積則亡)'라고 강조하였다.

대한민국 축구 대표팀이 전무후무한 기록인 월드컵 4강의 기적을 달성한 이면에는 축구협회의 과감하고 적극적인 투자가 뒷받침되었다. 지금까지 그 어떤 월드컵에서도 볼 수 없었던, 엄청난 거액인 100억 원 이상을 월드컵 개최 이전부터 과감하게 투자했다는 것이다.

무엇보다 중요한 것은 선수들 처우에 관한 개선으로 대표팀은 해외 전지훈련이나 크고 작은 해외 원정 경기와 국내 전지훈련 등 대표팀 훈련에 필요한 제반 비용은 아낌없이 지원한 것으로 알려져 있다. 게다가 대표 선수에게 지급하는 일당이나 출전 수당 또한 충분히 인상하여 처우를 개선하였으며 특히, 히딩크 감독에게 투자한 비용은 그 이전까지 국내 대표팀 감독의 평균 연봉보다 파격적으로 높은 금액을 책정하였다. 또한, 월드컵 D조에 속한 상대국의 전력 분석을 위해 사용하는 비용에도 아낌없이 지원하였다고 한다.

이뿐만 아니라, 대표팀에 복리후생을 담당하는 직원을 배치하여 하나부터 열까지 꼼꼼하게 뒷바라지를 하도록 하여 손자가 말한 군무치중즉망(軍無輜重則亡)의 위험성을 예방하였다.

이들 중 김현철 주치의는 경기 중 선수가 쓰러지면 즉시 뛰어 들어가 선수의 상태를 살펴서 현장 조치를 하고, 부상선수

치료와 선수들에게 식이요법 강의 등 대표팀 건강관리에 관한 일을 전담하였다. 그리고, 현직 외교관이라는 경력을 갖고 있으면서 대표팀 언론담당으로 판견되어 국내외 언론을 전담한 허진 언론담당은 대표팀과 언론과의 가교역할을 톡톡히 했다.

이 외에도 대표팀 선수와 스탭진의 뒷바라지를 위해 그들이 필요한 모든 사항을 도와줄 수 있는 전담 직원을 편성하였는데 그는 매일 새벽 시간에 그날에 있을 훈련이나 경기에 관한 준비 사항을 꼼꼼하게 챙겼다. 또한, 지난 14년간 대표팀 이동을 책임지는 버스 기사의 안전한 운행지원 그리고 물리치료사와 선수들의 근육통을 풀어 주는 마사지사를 편성하여 하루 평균 7~8명의 선수에게 마사지를 제공하였다. 그리고 대표팀의 훈련과 경기에 필요한 장비를 준비하여 선수들이 도착하기 전에 미리 세팅해 두고 훈련이 끝나면 다시 챙기는 장비 담당 등 대표팀에는 자질구레한 것부터 중요한 것까지 여러 종류의 지원 업무를 돌보는 담당자를 편성하여 대표팀의 경기력 향상을 위해 묵묵히 뒷받침하였다.

이처럼 대표팀에는 군대를 비유하자면 전투근무지원부대이자, 손자병법에서 말한 치중부대 격인 복리후생을 담당하는 팀을 편성하고 대한축구협회의 전폭적인 지원 아래 대표팀 선수들을 잘 먹이고, 잘 입히고, 잘 재움으로써 선수들은 경기에만 전념하여 집중할 수 있는 여건을 마련하였다. 이 같은 대한축구협회의 적극적인 지원은 대표팀이 월드컵이라는 세계 축구 전쟁에서 4강의 신화를 달성하는데 크게 기여하였음은 물론이었다.

16.

적의 기세와 장수의 마음을 빼앗아라

상대의 기세를 꺾고 압도하기 위하여 상대방이 스스로 승리를 의심하고 자신감을 상실하게 만들어서 정신적 승리를 달성하여야 한다.

이를 위하여 경쟁에 관련한 상황변화를 상대보다 먼저 감지하고, 정보의 흐름과 변화된 상황을 장악하여 통제하는 것이 무엇보다 중요하다. 즉, 상대방과 경쟁하는 과정에서 발생하는 여러 상황변화가 판세에 미칠 영향을 분석하여 상대보다 먼저 변화한 상황 흐름에 대처하여야 한다. 아울러 상대방의 강점을 피하고 약점을 공략하면서 침착하게 대응하여 상대의 조급함을 유발함으로써 상대의 마음마저 통제할 수 있어야 한다.

스포츠 경기에서는 경기 흐름을 장악한 팀이 왕성한 기세를 유지한 가운데, 단단한 팀워크로 상대의 경기 흐름을 끊어 버리고, 상대의 승리 의지마저도 떨어지게 할 수 있다.

이러한 흐름은 팀원 사이에 하나로 연결한 기세라고 할 수 있는데, 경기를 종료할 때까지 팀원들이 흔들리지 않는 강한 의지와 단합된 마음을 가지면 끝까지 가져갈 수 있으나, 중간에 상대방의 기세에 눌려 흐름을 빼앗기는 경우가 왕왕 있다.

그래서 경기를 하는 내내 기세를 빼앗기지 않으려고 응원단의 열렬한 응원과 함께 감독은 물론, 주장과 선수들 간에 서로 독려하고 파이팅을 외치며 팀워크를 끌어내는 것이다.

손자는 적 부대의 기세를 꺾을 수 있고(三軍 可奪氣), 적 장수의 자신감을 빼앗을 수 있어야(將軍 可奪心) 한다고 했다.

적의 날카로운 기세는 피하고 적의 기세가 고요하고 돌아가려 할 때 쳐야 하는데, 이를 위해서는 적의 기세를 다스려야 하고, 적 장수의 마음을 다스려야 하며, 적의 힘을 다스려야 한다고 했다. 그리고 깃발이 정연한 적은 맞아 치지 말고(無邀正正之旗), 진영이 당당한 적은 공격하지 않음(勿擊堂堂之陣)으로써 변화를 다스려야 하는데 이를 일컬어 전장의 변화를 다스리는 것

차 치변자야
(此 治變者也)이라 했다. 여기서'정정당당(正正堂堂)'이란 말이 생겨났다고 한다.

축구는 일단 경기를 시작하면 그라운드에서 감독은 경기 흐름을 관망하면서 상대팀과 우리팀의 전술적 움직임을 파악하여 공격 기세를 지속하여 유지할 수 있는 핵심 국면에 결정적인 한 수를 두기 위해 노력한다. 하지만, 그라운드 내에서 발생하는 수많은 상황변화는 그동안 땀 흘려 훈련한 선수들에 의해 순간순간 다스려질 수밖에 없다.

그래서 히딩크는 상황변화를 관리할 수 있는 능력을 기르는데 많은 시간을 들여 훈련 시켰다.

그는 감독이 자신을 무척 중요한 사람이라고 생각하지만, 일단 경기를 시작하면 남은 건 선수들한테 달려있다고 하며 그라운드에서 선수의 책임 있는 플레이를 강조하였다.

그리고 선수들은 90분 내내 경기를 지배하고 통제하며 상황변화에 따라 적절하게 대처해야 하며 문제 해결 능력을 갖추는 것이 필요하다고 했다.

2002년 3월, 그동안의 연습을 통해 얻은 자신감으로 히딩크는 세계와 격차를 줄여 16강 또는 그 이상도 바라보고 있으며, 6월

쯤이면 아마 세계를 깜짝 놀라게 할 수 있을 것이라 자신하였다.

프랑스가 세네갈에 패하자 D조 상대 팀을 향해 비록 약체로 알려진 팀일지라도 세계적인 팀을 무너뜨릴 수 있다는 것을 보여줬다. 우리도 그와 같은 이변을 이뤄낼 수 있다며 더욱 강한 자신감을 나타냈다.

한국팀이 월드컵 직전에 유럽의 강호들과 평가전에서 대등하거나 우세한 경기를 펼침으로써 D조 상대팀에는 그동안 한국팀을 얕잡아보며 대비를 소홀히 한 것에 대한 불안감과 경계심을 불러일으켰다. 반면에 국가대표팀은 조별 예선 첫 경기에서 폴란드를 2 : 0으로 완승하자 선수들은 하나같이 뭔가 큰일 낼 것 같은 자신감이 충천했지만, 상대팀들에게는 만만치 않은 경쟁 상대의 부상으로 심리적 압박을 주었다.

폴란드전 이후, 예지 엥겔(Jerzy Engel) 감독은 한국 팬들의 일방적 응원 때문에 정신이 없었다고 하면서, 한국은 매우 잘 훈련됐고, 강하며 이기기 어려운 팀이어서 D조의 다른 팀도 한국을 쉽게 이기지 못할 것이라 했다. 골키퍼 예지 두덱(Jerzy Dudek)도 5만여 한국 홈팬의 열광적인 응원은 폴란드 선수를 주눅 들게 했다며 고개를 절레절레 흔들었다. 미국의 브루스 아레나(Bruce Arena) 감독 또한 한국팀의 강한 압박축구와 쉴 틈 없이 뛰는 선수들의 체력, 관중들의 열광적인 응원에 심리적으로 부담을 갖고 경기에 임할 수밖에 없다고 술회했다.

FIFA에서는 미국전에서 한국팀은 비록 무승부를 기록하였으나 공식 기록상으로 폴란드전보다 더 공격적이며 골 기회도 많았다고 분석했다. 아울러 포르투갈의 안토니오 올리베이라(António Oliveira) 감독은 시종일관 경기를 지배하며 숨 막히는 압박축구를 하는 한국팀에 관해 스피드와 체력이 좋으며 짜임새 있는 조직력이 돋보인다고 했다.

특히 홈팬의 열광적인 응원의 영향력도 매우 클 것이라 우려하였으며, 주장인 페르난두 코투(Fernando Couto) 선수와 스트라이커 파울레타(Pauleta) 또한 한국 선수들은 매우 빠르고 강하며 애국적인 한국 군중들 앞에서 플레이하는 것이 부담스럽다고 말했다.

포르투갈마저 이기고 16강전에서 맞붙은 이탈리아는 더욱 곤혹스러워했다. 조반니 트라파토니(Giovanni Trapattoni) 감독은 한국은 스피드와 체력이 좋고 조직력도 돋보이며 열광적인 응원 등으로 한국전은 매우 어려운 경기가 될 전망이라면서 심리적 부담감을 감추지 않았다.

이렇게 경기 전부터 상대에 대한 두려움의 발생은 선수들의 자신감 저하로 이어져 경기력이 저하될 수밖에 없다.

한일월드컵 32개 참가국을 분석하여 BBC방송에 기고한 멕시코 월드컵의 득점왕이자 BBC 축구 해설위원인 영국의 게리 리네커(Gary Lineker)는 한국팀은 완벽한 준비, 자신감, 과감성, 상상을 초월하는 응원 열기 등이 성공 요인이었고, 이탈리아는 프란체스코 토티(Francesco Totti), 델 피에로(Del Piero) 등 뛰어난 공격수를 보유하고도 수비만 강조하는 소극적 전술과 크리스티안 비에리(Christian Vieri)에 대한 의존도가 너무 높았다고 분석했다. 월드컵이 종료된 후 비에리 선수는 패배의 원인이 감독의 수비 위주의 전술운영이라는 양심선언을 하기도 했다. 적 장수의 마음을 빼앗은(將軍 可奪心) 결과이다.

8강전에서 맞붙게 된 스페인은 우리와의 경기를 실질적인 결승전이라 생각하고, 경기에 임해야 한다고 강조했다. 특히, 호세 안토니오 카마초(Jose Antonio Camacho) 감독은 한국 선수들의 폭발적인 스피드와 엄청난 지구력에 놀라움을 보였다.

한국 대표팀에 대한 상대팀이나 외신의 평가는 한국 대표팀은 홈팬들의 열광적인 응원과 함께 엄청난 체력을 바탕으로 상대를 압박하는 강도가 상상을 초월한다는 것이었다.

경기를 시작하기도 전에 한국팀의 투지와 압박, 한국 홈팬의 열광적인 응원을 두려워한 상대 팀 선수들의 기세가 꺾이고(三軍 可奪氣), 감독의 마음조차 빼앗았으니(將軍 可奪心) 이길 수 밖에 없었다. 히딩크 감독도 이번 월드컵에서 유럽팀들이 부진한 것은 체력적인 문제가 아니라 정신력의 문제라 지적하기도 했다.

이처럼 한국 대표팀은 그라운드 내외에서 발생하는 다양한 상황변화에 선제적으로 대응하면서 상대 선수의 기세를 꺾고, 상대 팀 감독의 자신감을 빼앗으면서 주도권을 장악하여 경기를 지배하고 승리를 일구었다.

17.

궁지에 몰린 적은 지나치게 핍박하지 말라

속담에 '궁지에 몰린 쥐는 고양이도 문다'라고 한다. 만일 경쟁에서 이기고자 하는 욕심이 과하여 상대를 지나치게 궁지로 내몰면 절박한 상대는 '너 죽고 나 죽자'하는 식으로 달려들어 이때에는 결코 감당하기가 쉽지 않다.

그러나 상대방이 도망갈 틈새를 주면 사력을 다해 달려들 마음이 사라지고 절박한 현장을 벗어나고자 하는 마음이 앞서 정신없이 꽁무니를 빼려 할 것이다. 그때를 틈타 적당하게 쫓으면서 상대방이 재기하지 못할 정도의 타격을 가하거나, 적의 도주로에 함정을 파서 결정적인 타격을 가하면 다시는 경쟁 상대로 자리 잡지 못함으로 무조건 그 자리에서 상대를 죽이고자 몰아칠 일은 아니다.

이것이 손자가 말한 바와 같이 적 장수의 마음을 다스리는 치심(治心)과 적 부대의 기세를 다스리는 치기(治氣)의 활용방안으로서 용병의 법인 것이다.

그러나 반대로 생각해 볼 문제는 경쟁 상대와 치열한 싸움에서 자신이 불리한 상태인데도 생각지 못하게 상대가 터준 허점이나 도주로를 의심 없이 함부로 덥석 문다면 그야말로 미끼를 문 물고기 신세가 될 수 있음을 알아채고 신중해야 한다는 것이다. 왜냐하면, 상대가 터준 도주로는 나를 방심시켜 허겁지겁 달아나는 사이에 결정적 타격을 줄 수 있는 함정이기 때문이다.

그래서 손자는 궁지에 몰린 적은 핍박하지 말라는 뜻으로 궁구물박(窮寇勿迫)을 강조하였다.

용병할 때 높은 언덕에 배치한 적진을 향해서 진격하지 말고(高陵勿向), 언덕을 등 뒤로 하며 진을 친 적을 향해서 공격하지 말며(背丘勿逆), 거짓 패주하는 부대를 추격하지 말라(佯北勿從)고 했다. 그리고 정예 병력을 공격하지 말고(銳卒勿攻), 미끼 병력을 잡으려 하지 말고(餌兵勿食), 철수하는 적 부대는 막지 말라(歸師勿遏)고 했다.

특히, 포위된 적에 대해서는 반드시 틈을 내어 주고(圍師必闕), 궁지에 몰린 적은 지나치게 핍박하지 말라(窮寇勿迫)고 했는데 이것이 상황에 맞게 적용하는 용병법이라 할 수 있다.

만일 축구 경기에서 궁지에 몰린 상대에게 빈틈을 주는 것은 역습 기회를 주는 것과 마찬가지이므로 위사필궐(圍師必闕)이나 궁구물박(窮寇勿迫)을 축구에 적용하는 것은 적절하지 않다고 볼 수 있지만, 대표팀의 사례를 통해 그 의미를 살펴보자.

히딩크는 미국과의 경기 직후, 포르투갈전은 몹시 어려운 경기가 될 것이다. 그들은 첫 경기에서 패했기 때문에 필사적으로 나올게 분명하다며 궁지에 처한 포르투갈의 필사적 대응을 예상하였다. 그러면서 객관적 전력에서 뒤지는 팀이 비기는 작전으로 나와선 절대 목적을 달성할 수 없다. 이기려는 자세로 경기에 임해도 승부를 예측할 수 없는데, 비기는 작전은 있을 수 없다며 공격적인 경기를 예고하였다.

한국팀이 포르투갈과 비기기만 해도 두 나라가 16강에 진출하고 미국은 탈락하는데, 히딩크는 오히려 더 공격적으로 포르투갈을 몰아붙여 승리를 얻어 냈다. 그러나 그 결과 선수들은 체력을 소진함으로써 이후 경기에서 매우 힘겨운 승부를 펼쳐야 했다.

만일 포르투갈과 비기기 작전을 하여 16강전에 동반 진출하는 것을 선택하였다면 그 또한 스포츠 정신 면에서 부담이 될 것이고, 이미 포위되어 궁지에 몰린 포르투갈에 빈틈을 내어주는 위사필궐(圍師必闕)을 택하는 것 또한 사실상 어려웠을 것으로 생각한다.

하지만 이것이 스포츠 정신을 요구하는 축구가 아니라 생사가 달린 전쟁 또는 일반기업 간의 존망을 좌우할 시장경쟁이었다면 엄청난 손실을 감수하면서까지 출혈 경쟁해야 할 필요가 있을까. 따라서 외교적 수단이나 협상 등을 통해 두 팀 모두 16강 진출이 가능한 Win-Win 방법을 선택했을 수도 있다.

한편, 축구에서 함정을 파서 상대방의 공격을 잡아내는 때도 있다. 경기하면서 순간순간 전술 변화를 줄 때, 미드필드 좌·우측 어느 한쪽을 강하게 배치하면 약하게 배치한 반대쪽으로 상대의 공격 방향이 형성한다. 이때 공격 방향을 예견한 반대쪽의 미드필드와 수비수가 동시에 달려들어 공격을 차단, 역공의 기회를 잡는 것이다.

이 외에도 다양한 기만전술로 상대팀을 유인하여, 그로 인해 발생한 상대의 약점을 활용하는 전술을 다양하게 펼칠 수 있을 것이다. 즉, 위사필궐(圍師必闕)의 빈틈을 의도적으로 내어 상대를 유인하는 전술이라 할 수 있다. 그러나 빈틈을 계속 내어주는 함정도 상대에게 의도를 노출하면 그 방향이 오히려 약점이 되어 불리하게 작용하니 한두 번에 그쳐야 할 것이다. 싸워 이기는 방법은 반복됨이 없기(戰勝不復) 때문이다.

세상을 살아가면서 나와 상대가 Win-Win 하는 방법이 있다면 당연히 그 방법을 택하여 싸우지 않고 이기는 것이 최상의 방책이다. 그러나 냉정한 경쟁 관계에서 피할 수 없는 승부를 내야 한다면 상대의 심리적 약점을 이용하여 상대가 사생결단의 각오로 달려들지 않도록 틈을 내어 준 다음, 방심한 상대를 압도하고 다시는 재기할 수 없도록 결정적 타격을 가해야 한다.

그런 의미에서 위사필궐(圍師必闕)이나 궁구물박(窮寇勿迫)의 뜻을 잘 새기고 응용하는 것도 지혜로운 삶의 한 방식일 것이다.

THE ART OF WAR

구변

九變

상황변화를 잘 다스려라

18. 끝없이 변화를 추구하라 | 19. 이로움과 해로움은 항상 함께 있다
20. 적이 오지 않기를 바라지 말라

구변(九變)

용병술의 무궁무진한 변화를 설명하면서
원칙 적용 시 분별력과 융통성을 발휘하여
용병술을 적용하고, 상황의 유·불리를 동시에 이해하면서
적이 오지 않기를 바라지 말고
대비태세를 갖추어야 한다는 것을 설명하였다.

18.

끝없이 변화를 추구하라

지나치게 원리원칙만을 고집하는 사람을 주변에서 가끔 본다. 주변 상황이 어찌 되었든 간에 자기주장만 고집하고 결코 타인과 타협하려 들지 않는 경우이다.

원리원칙은 세상을 살아가는 기본으로서는 매우 중요하지만, 그것이 지나쳐서 상황이 이미 현실에 맞지 않음에도 오로지 그것만을 고집하는 것은 바람직하지 않다.

통상 이런 사람은 상황에 따른 임기응변이나 융통성이 부족하여 낭패를 보거나 손해를 보는 경우가 종종 일어난다. 그러나 현명한 사람의 처신은 원리원칙을 기준으로 행동하면서도 상황에 따른 변화의 술(術)을 시의적절하게 적용할 줄 아는, 변화에 능한 사람이다.

손자는 소택지(沼澤地)에서는 숙영하지 말며(圮地無舍), 사통팔달한 요충지에서는 외교 관계를 맺으며(衢地合交), 메마른 곳에서는 머물지 말며(絶地無留), 둘러싸인 곳에서는 즉시 계책을 세우며(圍地則謀), 사지에서는 즉시 전투하며(死地則戰), 길이라도 가서는 안 되는 길이 있고(途有所不由), 군대도 공격하지 말아야 할 군대가 있으며(軍有所不擊), 성이라도 공격해서는 안 될 성이 있고(城有所不攻), 땅이라도 빼앗지 말아야 할 땅이 있으며(地有所不爭), 비록 임금의 명이라도 따르지 말아야 할 바가 있다(君命有所不受)는 것을 장수는 잘 알고 전장의 상황을 현명하게 판단하면서 결정해야 함을 강조했다.

따라서 장수는 어떤 때는 원리원칙에 충실해야 하고, 어떤 때는 예외적 방법을 사용하여 무궁무진한 상황 변화에 따른 용병의 이로움을 통달해야 한다(將通於九變之利者 知用兵矣)고 했다. 장수가 군대를 다스림에 있어서 이러한 전술 변화에 통달하지 못하면 비록 몇 가지 유리한 점을 안다고 하여도 군사력을 효과적으로 쓰는 방법을 얻지 못할 것이라 하였다.

히딩크는 원칙을 매우 중시하는 감독이다. 그는 훈련 시간 이외에도 복장의 통일이라든가 식사 시간의 준수 등 대표팀에서 요구하는 규율은 무척이나 중시했다. 그래서 그는 선수선발 시에 학연, 지연 등에 연연하지 않고 실력 위주로 선수선발을 하였다. 가장 기초적인 패스훈련, 체력과 정신력의 강화 등 원칙적인 부분에 충실하였다.

특히, 그는 자신이 지향하는 축구 스타일을 구사하고자 했다. 스피드와 체력 보강을 위한 체력강화 프로그램을 도입하여 과학적 방법으로 훈련하였다. 그가 말한 바와 같이 축구에서 기본은 기술이지만, 체력을 뒷받침하지 않으면 어떤 기술도 먹히지 않기 때문에 체력과 스피드가 좋은 선수를 우선순위로 뽑았다.

그리고 그는 원칙을 중시하면서 다양한 전술 변화를 시도하였다. 틀에 박힌 포메이션을 버리고 선수들에게는 고정 포지션을 넘어 다양한 포지션을 소화할 수 있는 멀티플레이 능력을 갖추도록 요구했다. 플랫 스리백 시스템을 기본으로 한 포백 시스템 적용과 오프사이드 트랩, 지역방어, 그리고 강인한 체력을 바탕으로 한 협력 수비, 커버 플레이(cover play) 등 수준 높은 전술을 그때 그때 상황에 따라 변화하면서 훈련하여 대표팀이 전술변화에 쉽게 적응할 수 있도록 했다.

그는 상황에 따라 변화하는 창의적 축구로서 포메이션은 기본적인 전술운영의 형태이지만, 그라운드 내에서 끊임없이 발생하는 상황변화에 능동적으로 대처하기 위하여 아주 신축적으로 변화하여야 한다고 인식하였다. 그래서 그는 선수들에게 발로만 뛰지 말고 머리도 같이 뛰라고 하며, 경기 매순간 마다 생각해야 한다는 것을 선수들은 알아야 한다고 주문하였다.

그 결과, 히딩크는 원칙을 중시한 가운데, 상황변화에 따른 창의적인 전술운영을 할 수 있는 팀 능력을 갖추려 노력하였고, 그것을 완성했다.

원리원칙이라도 상황에 따라 적용하기 위하여 냉철한 분별력을 요구한다. 리더의 경우 현장의 상황을 잘 모르면서 책상에 앉아서 결정하는 우를 범하지 말아야 하고, 현장에 있는 부하는 상관의 명령이 현장의 상황과 동떨어져 불합리하거나 불법 또는 정의롭지 못하면 거부할 용기를 발휘해야 한다.

왜냐하면, 기존의 생각이나 계획에 고착되거나, 원리원칙을 너무 집착하여 현장의 변화에 알맞게 대처하지 못하면 조직은 더 큰 낭패를 볼 수 있다. 그래서 상황변화를 관찰하면서 향후 일어날 일을 예측하고, 그 상황에 알맞은 계책을 적용할 수 있는 능력을 길러야 한다. 그래야 원리원칙에 충실하면서도 어떤 때는 예외적이고 어떤 때는 변칙적인 방법을 사용하는 변화무쌍한 변화의 술을 적용할 수 있다.

19.

이로움과 해로움은 항상 함께 있다

호사다마(好事多魔)라는 말이 있다. 좋은 일에는 항상 마가 낀다는 뜻으로 주의하라는 의미이다. 우리는 보통 좋은 일이 있으면 좋은 면만 생각하지 나쁜 면은 생각하지 않는다. 반대로 나쁜 일이 있으면 좋은 일이 있으리라고는 생각하지 않는다.

그러나 한 걸음 뒤로 물러서서 생각하면 일이 반드시 나쁘거나, 좋기만 한 것이 아니라는 것을 알 수 있다. 모든 사물과 현상에는 이로움과 해로움이 늘 공존하고 있으므로 그러한 양면성을 잘 이해하며 상황을 판단해야 한다.

따라서 양면성을 잘 앎으로써 이로움은 극대화하여 보존하고, 해로움은 방지하여 자신에게는 유리하게 활용해야 하며 특히 경쟁 상대를 굴복시키는 데 있어 이러한 이로움과 해로움을 마치 당근과 채찍을 사용하듯 효과적으로 활용해야 한다.

손자는 지혜로운 자는 반드시 이로움과 해로움을 함께 생각한다(智者之慮 必雜於利害)고 했다. 이로움 속에 해로운 면이 있음을 안다면 가히 힘써 방지할 수 있고(雜於利而務可伸也), 해로움 속에 이로운 면이 있음을 안다면 가히 우환을 해결 할 수 있다(雜於害而患 可解也)는 것이다.

히딩크는 네덜란드에서 부임하기 직전에 한국 선수들이 하나같이 열심히 뛰는 것에 대해 강렬한 인상을 받았다. 전반적인 사기, 투지, 근성 등에서는 큰 문제가 없다고 판단했다. 다만 한국팀의 가장 큰 문제는 전술이라며 정확하게 한국팀의 장·단점을파악하고 있었다.

그가 분석한 한국팀은 그라운드에서 자신이 가진 모든 것을 완벽하게 발휘하려는 자세와 볼에 대한 강한 집착력이 장점이지만, 너무 많은 힘을 쏟아부어 무리하고, 결국은 전체 밸런스를 무너뜨리는 단점이 있다고 했다.

그뿐만 아니라 그는 한국팀을 평가할 때 늘 장·단점을 동시에 제시하였다. 가령, 한국 선수는 유럽의 어떤 선수보다 양발을 잘 쓰는 장점이 있지만, 볼만 잡으면 지나치게 흥분을 한다든가, 기술적으로 절대 유럽 선수에 뒤지지 않으나 창조적이지 못하다는 등, 한 가지 현상이지만 늘 이로움과 해로움을 함께 보는 안목을 과시했다.

그러면서 그는 한국 선수들은 대체로 개인 기량이 우수하고 기술적인 면은 문제가 없지만, 전술적인 문제가 있다고 했다. 그래서 좋은 성과를 거두려면 선수 개개인의 기량을 팀 전체에 조화롭게 운영해야 한다며, 선수들의 장점과 한국팀이 개선해야 할 올바른 방향을 제시했다.

그는 한국팀이 골 결정력은 비록 떨어지지만, 선수들이 하나같이 배우고자 하는 열의와 배우는 속도가 매우 빠르다는 것을 위안으로 삼는다고 했다. 그리하여 자신감과 믿음을 갖고 이로움 속의 해로움과 해로움 속의 이로움을 잘 구분하며 대표팀을 이끌었다.

금강산의 만물상처럼 같은 사물도 이쪽에서 보는 것과 저쪽에서 보는 것이 다르듯이 모든 사물과 현상은 자체가 가진 근원적인 이로움과 해로움, 긍정과 부정의 요소가 함께 있는 것이므로 한쪽 면만 볼 것이 아니라, 양면을 동시에 고려하는 생각의 틀과 자세가 중요하다.

따라서 개인이나 조직에 발생하는 모든 사건과 각종 현상에 관하여 무조건 이롭거나 해롭다고 생각하지 말고, 그 일의 이면에 존재하는 이로움과 해로움을 동시에 그리고 폭넓게 볼 수 있는 안목을 가져야 불의에 닥쳐올 어려움을 슬기롭게 해결해 나갈 수 있는 지혜로운 사람인 것이다.

20.

적이 오지
않기를 바라지 말라

장차 닥칠 어려움이나 위기에 관해 사전에 대비하는 행동과 조치를 하지 않고서 어려운 일이 자신에게 생기지 않기를 바라며 걱정하는 경우를 이따금 본다. 그것은 위기에 대한 준비가 되지 않았을 때, 두려움 반 근심 반으로 위기가 자신에게 발생하지 않기를 기대하는 실낱같은 희망일 뿐이다.

그러나 불행하게도 자신의 기대와 상관없는 상황이 점점 다가오고 준비하지 않는 상태에서 맞는 위기는 자신을 공황에 빠뜨릴 것이 분명하다.

그렇다면 어떻게 해야 하는지 분명하다. 그것은 위기가 언제

어떠한 방식으로 오더라도 위기에 대비하여 충분히 준비한 상태에서 대응해야 두려울 일이 없다.

여기서 다가오는 위협이나 위기에 대응하여 철저하게 준비하면 우환이 없고, 위협이나 위기에 대비해야 한다는 정신적 자세를 나타내는 유명한 고사성어를 소개한다.

우리가 자주 인용하는 유비무환(有備無患)이라는 말은 중국 춘추시대 진나라 신하였던 사마위강이 임금이었던 도공에게 하였던 말로 "편안할 때 위기를 생각(居安思危)하여 그에 맞는 대비를 해야 하고(思則有備), 그런 대비가 되어 있으면 우환이 없어진다(有備無患)"라고 한데서 나왔다.

침과대적(枕戈待敵)은 진(晉)나라 유곤(劉琨)과 조적(祖逖)의 고사에서 유래된 "나는 창을 베개 삼아 잠을 자며 아침이 오기를 기다리며 (吾枕戈待旦…)"에서 유래한 것으로 나라의 위기에 대비하여 창을 베게 삼아 잠을 자면서 적을 기다리는 군인들의 대비태세를 일컫는 말이다.

이와 같은 대비태세는 정신적 자세를 갖추지 않은 상태에선 편안하고 평화로워 전쟁을 잊어버리고, 심지어 적의 선의에 기대어 평화를 구걸하거나 위협이 남아 있는 현상에서도 전쟁에 대비하지 않는다면, 온 국민이 그 위협이나 침략에 대해 불안에

떠는 것 외에는 달리 방도가 없는 답답한 지경에 처할 수밖에 없다.

그래서 상대가 도전하여 오지 않기를 바라며, 걱정하는 그 시간에 설령 도전하더라도 능히 대응할 수 있는 자신의 대응태세를 갖추어야 한다.

그런 준비상태로 자신을 믿어야 한다. 이에 대하여 손자는 용병에 있어서 적이 오지 않기를 기다리지 말고, 나에게 적을 대비할 충분한 준비가 되어 있음을 믿어야 한다(無恃其不來 恃吾有以待也). 적이 공격하지 않기를 바라지 말고, 나에게 적이 공격할 수 없도록 만반의 대비태세가 되어 있음을 믿어야 한다(無恃其不攻 恃吾有所 不可攻也)고 했다.

히딩크는 폴란드의 수비가 약하다거나 약하기를 바라는 일각의 언론 보도에 대하여 폴란드 수비가 약하다고 하는데, 자신이 보기엔 절대 약하지 않다면서 최근의 평가전으로 그들의 참모습을 판단할 수 없다고 했다. 그리고 예선 때 웨일스, 노르웨이 등과 맞서서 전력을 다한 경기를 봤어야 그들을 평가할 수 있다며 우리는 겸손해져야 한다는 점과 상대의 약점을 기대하지 말 것을 주문하였다.

그래서 그는 부임 초부터 기본적인 패스 연습과 파워프로그램을 통한 체력강화, 고정 포지션을 없애고 한 선수가 서너 개의 포지션을 소화할 수 있도록 훈련하였다. 그 과정에서 유럽의 강팀과 꾸준한 평가전을 통해 경기에서 드러난 약점을 보완하면서 유럽 콤플렉스를 극복하고자 했다. 그의 말대로 지더라도 가시밭길을 걸으면서 대표팀의 맷집을 단련시키고 대비태세를 강화한 것이다.

프랑스와의 평가전이 끝나고 그는 강팀과의 평가전에 대해 우려도 컸지만, 내가 택한 험한 길이 옳았다는 것을 입증했다. 세계 최강팀인 프랑스와 거의 대등한 경기를 펼친 데 만족한다고 했다. 그리고 스코틀랜드와 평가전에서 대승을 거둔 뒤에는 한국은 월드컵이 끝난 이후에 아시아를 지배할 것이다. 세계는 우리를 얕잡아 보지만, 우리는 세계를 놀라게 할 준비가 되어 있다면서 다가올 위기에 대비하여 유비무환(有備無患)과 침과대적(枕戈待敵)의 자세로 준비한 자만이 가질 수 있는 당당함과 자신감을 세계를 향해 보여주었다.

실제, 폴란드와 경기를 앞두고 한국 대표팀은 D조에서 FIFA 랭킹이 최하위이지만, 그동안 유럽 강팀에 대하여 충분히 준비한 만큼 경기를 주도할 수 있다고 자신감을 나타냈다. 그리고 우리 선수는 체력이나 전술 면에서 빠르게 성장했다면서 강한 압박과 빠른 플레이로 경기를 주도하겠다고 각오를 다졌다.

손자가 적이 오지 않기를 기다리지 말고 나에게 적을 대비할 충분한 준비를 갖추었음을 믿으라(無恃其不來 恃吾有以待也)고 한 것처럼, 유럽팀에 대하여 완전히 준비하였고, 준비에 따라 견고하게 구축한 대비태세를 굳게 믿었으니 공세를 두려워하지 않는 자신감을 갖는 것은 당연하다.

이처럼 리더는 현실에 안주하지 않고, 긴 안목으로 미래를 준비하여 임무를 수행해야 한다. 그래서 자신과 조직에 다가오는 도전과 위기에 대해서 그것이 오지 않기를 바라지 말고(無恃其不來), 평소 그 도전과 위기에 대비하여 철저한 준비를 함으로써 자신에게 그 도전을 잘 극복할 수 있는 능력과 준비태세가 되어 있음을 믿도록 하는(恃吾有以待也) 자신감을 가져야 할 것이다.

THE ART OF WAR

행군

行軍

징후로써 정세를 살펴라

행군(行軍)

적과 전투를 하기 위하여
부대를 전쟁터로 이동하는 행군과
숙영의 원칙을 제시하고,
전투와 전장 상황에서 드러난 징후로써
분석하는 방법을 설명하면서
효과적인 지형 판단과 경솔한 용병을 주의(注意)해야 하는
지휘통솔 요령을 강조하였다.

21.

강하다고 자만하지 말라

성공에 대한 긍정적 희망을 갖고, 강한 자신감과 추진력으로 실행하면 성공할 확률이 높다. 자신감은 철저하게 준비한 사람에게서 찾을 수 있는 정신적 요소이다. 하지만 지나친 자신감은 오히려 의욕만 앞세우거나 이성보다는 감성을 앞세워 일을 그르치게 하는 때도 있다. 이런 경우 철저하게 준비하지 않은 상태에서 가진 지나친 자신감이 자만심으로 변질하여 그렇다.

따라서 강한 자신감은 철저한 준비과정에서 생겨나는 이성적인 결과물이다. 그러나 자만심은 철저한 준비 없이 의욕만 앞세우는 감성적인 것이므로 리더는 이것을 경계하여야 한다.

특히, 자신의 여러 가지 능력을 잘 통합하고 조직화하여 능력을 극대화하고 경쟁 상대의 취약점을 면밀하게 파악한 다음, 자신감을 바탕으로 신중하게 대응하면 비록 외관상 상대보다 약해도 승리할 수 있는 내실을 갖춘다.

손자는 군대를 운용할 때, 자만하는 것을 우려하여 아군의 병력이 적보다 많다는 것이 중요한 것이 아니(兵非貴益多)라고 강조하였다. 무용을 믿고 경솔하게 진격하지 말아야 하고, 전군이 혼연일체가 되어 힘을 한데 모으고, 적의 의도와 강·약점을 세밀하게 분석하여 대비한다면 굳이 필요 이상의 많은 병력이 필요하지 않고, 적으로부터 승리를 취할 수 있을 정도의 병력이면 적절하다고 했다.

무릇 병력이 많다고 하여 깊은 사려 없이 적을 쉽게 얕잡아 보는 자는(夫 唯無慮而易敵者) 오히려 적에게 반드시 패배하여 사로잡힌다(必擒於人)라고 하였다.

그것은 병력이 많음에 대한 지나친 자신감으로 적에 대한 면밀한 분석, 즉 료적(料敵, 적정을 헤아려 정세를 판단)없이 경솔한 자만심으로 무리하게 진격하거나 적을 공격하면 반드시 패배하고 적에게 사로잡힌다는 것을 경고한 것이다.

2002년 월드컵에서 유럽의 강팀들이 예상과 달리 패배했던 원인은 유럽 리그가 끝나자마자 월드컵을 시작하여 충분한 준비 시간이 부족했고 유럽 리그로 인한 체력 저하와 핵심 선수의 부상 그리고 국가별 전력 수준의 평준화가 원인이라고 분석하는 시각이 많았다.

특히, 영국의 데이비드 베컴(David Beckham), 프랑스의 지네딘 지단(Zinedine Zidane), 포르투갈의 루이스 피구(Luis Figo), 이탈리아의 필리포 인자기(Filippo Inzaghi), 스페인의 라울 곤살레스(Raúl González) 등 당시 세계 축구의 유명한 스타 선수들이 월드컵 개막을 앞둔 시점에 대거 다침으로써 해당 국가의 경기력에 막대한 차질이 생겼다.

아울러 2002년 이전의 월드컵은 유럽 리그와 남미 리그가 종료된 후, 약 한 달 정도가 지나서 개최하였다. 그래서 선수들에게 충분한 휴식과 준비 기간을 보장했지만 2002년 한일월드컵은 장마로 인해 예년보다 2주 정도 앞당겨 개최함으로써 유럽 선수들의 체력 회복시간의 부족과 함께 각 출전국의 대표팀 팀워크 형성에도 기간이 촉박하였다.

그뿐만 아니라 아프리카, 북미, 아시아 대륙의 출전국도 외국인 감독을 영입하고, 꾸준한 전지훈련과 평가전을 통해 월드컵을 준비함으로써 유럽의 강호들과 실력의 차이가 크게 좁아지고 평준화된 것이다.

그러나 그것이 유럽 강팀 몰락의 전부는 아니었을 것이다. 그것은 표면적인 이유일 뿐 내면적인 문제는 다르다는 분석이다. 히딩크 자신은 패자의 변명을 좋아하지 않으며 우리 선수들이 많이 지칠 수밖에 없었던 일정상 문제나, 우리에게 패했던 팀들처럼 심판의 판정 문제로 삼고 싶지 않다고 했다. 그러면서 세계 수준의 강팀은 경기에서 지면 왜 졌는지 스스로 반성하고 분석한 후, 다음 경기에서는 똑같은 실수를 하지 않도록 노력해야 한다며 스스로 인정하고 반성하는 자세가 필요하다고 했다.

그리고 그는 폴란드전을 앞두고 폴란드의 수비가 약하지 않느냐는 기대에 찬 질문에 폴란드는 절대 약하지 않으며 우리는 보다 겸손해야 한다면서 자만하는 마음을 경계하였다. 이에 반해, 우리와 예선 첫 경기를 앞두고 폴란드의 스트라이커 에마누엘 올리사데베(Emmanuel Olisadebe)는 한국이 한 골을 넣으면 우리는 두 골을 넣으면 된다면서 자만심을 감추지 않았다. 그러나 우리에게 2 : 0으로 완패를 당한 후 폴란드의 예지 엥겔(Jerzy Engel) 감독은 자만하였음을 자인하고 후회했다.

그는 본선 상대들을 과소평가한 것은 큰 실수였다며, 한국의 진짜 실력을 알아보지 못했다고 시인했다.

미국에 3 : 2로 패한 포르투갈 또한 미국을 얕잡아 보고 전반전에 무성의한 경기를 했으며, 미국팀의 전력에 대한 철저한 분석이 부족하여 헤딩슛이 뛰어난 브라이언 맥브라이드(Brian McBride)가 세 번째 골을 넣을 때까지 그를 효과적으로 마크하지 않았다.

그렇다면 포르투갈은 왜 예상과 달리 그렇게 힘없이 패배한 것일까. 포르투갈은 미국이 14차례, 한국이 32차례의 평가전을 하면서 착실하게 월드컵을 준비한 것에 비해 스페인, 핀란드, 브라질, 중국을 상대로 겨우 네 차례만의 평가전을 가졌을 뿐, 조별리그에 대한 준비는 거의 하지 않았다고 한다.

알다시피 포르투갈은 유럽의 전통 강호로서 90년대에는 세계 청소년대회 2연패를 달성하였고 96년 애틀랜타 올림픽 8강과 유로 2000에서 3위를 하는 등 이번 월드컵에서 강력한 우승 후보의 하나였다. 그러나 유럽에서의 경기 경험은 비록 많았지만 미국이나 아시아권 같은 유럽이 아닌 대륙의 축구 스타일에는 거의 경험도 없었을 뿐만 아니라 철저하게 대비도 못하였다.

그것이 손자가 말한 바와 같이 상대에 대한 면밀한 분석, 료적(料敵) 없이 자신의 강한 전력만 믿고, 자만심으로 월드컵이라는 축구 전쟁에 돌입한 결과였다.

그뿐만 아니라 이탈리아의 조반니 트라파토니(Giovanni Trapattoni) 감독은 한국 수비수가 비록 빠르지만 비에리, 델피에로, 인차기, 토티, 몬텔라 등 우리 공격수들도 힘과 스피드를 겸비했다. 몬텔라가 최상의 컨디션을 유지하고 있다는 것을 잊지 말라. 그는 찬스가 오면 놓치지 않고 골로 연결할 것이라며 승리를 장담하였지만, 실제 경기 운영 간 수비 위주로 일관하였다. 몬텔라 역시 제대로 된 활약을 못 했을뿐더러 골도 넣지 못하였다. 우여곡절 끝에 비에리가 겨우 한 골을 넣었으나 안정환 선수의 골든골로 우리에게 2 : 1로 역전패당했다.

이러한 현상에 관해 히딩크는 그들의 정신적 문제를 지적했다.

그는 이번 월드컵에서 유럽팀이 부진한 것은 결코 체력의 문제가 아니라 정신력 문제이다. 유럽 리그를 마친 뒤 불과 3, 4주의 준비 기간밖에 없었다지만, 적절한 프로그램을 활용했다면 충분히 준비할 수 있었다고 본 것이다.

서두에서도 말했지만 강한 자신감은 철저한 준비에서 나오는 의지의 의지의 표현이자 믿음이다. 과거의 영광만 믿고 상대를 얕잡아보는 경솔함에서 나오는 자만심은 준비를 소홀히

하면서 그저 큰소리만 뻥뻥 치는 허언(虛言)일 뿐이다.

그래서 손자가 병사의 숫자가 많음을 귀하게 여기지 않음(兵非貴益多)을 강조한 것과 같이, 강하다고 큰소리치지 말고 비록 외견상 전력이 약하더라도 족히 자신이 가진 여러 가지 힘을 통합하고 조직화하여(足以幷力), 경쟁 상대의 강·약점이 무엇인지 면밀하게 살피고 헤아리는 료적(料敵)을 하여 대응해야 한다.

특히, 자신의 강함을 믿고 상대에 관해 깊은 생각 없이 상대를 가볍게 여긴다면 반드시 사로잡힌다(夫 唯無慮而易敵者 必擒於人)고, 손자가 경고했던 바를 깊게 새겨 자만하지 말아야 할 것이다.

22.

엄정한 법령은 모두에게 이익이다

질서 정연한 가운데 조직 목표를 달성하기 위하여 엄정한 법령이 조직 내에 잘 작동하도록 해야 한다. 법령이 엄정하지 못하면 기강이 무너지고 해이한 분위기가 생기므로 그런 연후에 다시 기강을 확립하기는 매우 어렵다.

예를 들어, 사람은 본래 편안함을 추구하기 때문에 서 있는 것 보다 앉는 것을, 앉는 것 보다 눕는 것을 더 편하게 느낀다. 만일, 조직의 법령이 반드시 서 있어야 함에도 오랫동안 서 있게 하는 것이 불편하다고 하여 앉거나 눕게 한다면 서 있어야 하는 법령은 법령으로써 가치가 없다.

그뿐만 아니라 나중에 문제가 발생하여 다시 서 있게 하려 해도 '과거에는 앉거나 누워도 괜찮았는데 왜 지금에 와서 다시 서게 하려는가?'라는 불만이 생겨 반발하고, 조직의 결속력과 기강을 무너뜨리므로 법령을 엄정하게 적용하는 것은 매우 중요하다.

법령이 엄정하게 이루어지자면 조직 내에서 상하 간 심리적인 유대와 법령의 엄정한 시행에 관해 공감대가 형성되어야 한다. 특히, 사리에 맞는 상벌을 시행함으로써 마음으로 승복하고 엄정한 처사에 대하여 외경심이 생길 수 있도록 해야 한다.

그렇게 하려면 상하 간 친밀감을 유지하며 처벌이나 포상이 친소관계나 사적 이유로 편향하지 않도록 해야 한다. 그리고 상벌은 반드시 공적과 잘못의 크기와 질에 따라 아주 공정하게 시행해야 모든 사람이 공감하며 상벌의 근본 목적을 달성할 수 있다.

그래서 손자는 병졸들과 아직 친하기 전에 벌을 내리면 복종하지 않고, 복종하지 않으면 쓰기가 어려워지고(卒未親附而罰之則不服 不服則難用), 병졸이 이미 친숙한데도 벌을 엄정하게 행하지 않으면, 그 역시 쓸 수 없으므로(卒已親附而罰不行 則不可用也) 명령을 내릴 때는 문인처럼 글로써 전하고, 부하를 통제하여 움직이게 해야 할 때는 무인처럼 엄격함으로 해야 한다. 이것을 가리켜 반드시 승리를 취하는 확실한 방법이라 했다.

그리고 법령을 평소 잘 이행하면 장수와 병졸 모두에게 서로 이득(令素行者 與衆相得也)이라 했다. 아울러 병졸을 대함에 지나치게 사랑이 넘치면 명령을 내리지 못하고(愛而不能令), 지나치게 후덕하여 시키지 못하면(厚而不能使) 혼란한 위계질서를 다스릴 수 없게(亂而不能治)되어 마치 버릇없는 자식처럼 쓸 수 없다(譬如驕子 不可用也)며 엄정한 법령의 집행을 강조하였다.

히딩크는 선수들에게 팀에서 지켜야 할 규칙을 엄격하게 적용하여 선수가 이를 어겼을 경우 매우 엄한 벌을 가하였다. 그는 선수는 필드에서 능력이 중요하다. 외부 요인에 의해 스타가 되는 것은 의미가 없으며, 진정한 프로라면 외모나 인기 등 경기 외적인 부분이 아니라 경기장에서 실력으로 대결해야 한다며 경기장에서 축구 실력만이 진정한 선발 요건임을 천명하였다.

한때 고종수, 이동국 등 유명한 선수를 대표팀 발탁에서 제외한 것이나, 칼스버그컵에서 파라과이와의 경기 중 골키퍼인 김병지가 중앙선까지 볼을 치고 나오다가 빼앗겨 실점 위기에 처하자 히딩크는 바로 그를 교체하고, 대표팀에서 제외하는 등 강력한 제재를 가하였다. 비록 그 후, 재발탁하였으나 월드컵 기간 단 한 차례도 출전하지 않게 하였다.

실수는 순간이지만, 실수로 인한 결과는 돌이킬 수 없는 경우가 많다. 그래서 히딩크는 팀 내 규율을 세우고 본인부터 철저하게 지키면서 선수 관리에 매우 엄격하게 적용하였다.

이처럼 그는 평소의 규율 준수가 조직 구성원 상호 간 신뢰와 상호이익의 기초임을 알고, 대표팀 내 기강을 확립하여 강도 높은 훈련을 통해 승리를 일구어 나갔다.

그가 팀에서 어떻게 하여 엄정한 지도력을 발휘하였는지 황선홍의 말을 빌리면 쉽게 이해할 수 있다.

"히딩크 감독은 참 무서운 지도자였다. 대표 선수로만 14년을 뛰었고, 선수 경력이 20년이 넘은 나였으나 처음 히딩크 감독 앞에 섰을 때는 '무섭다'라는 느낌부터 받았다. 이런 느낌은 그가 세계적인 명장이란 사실도 어느 정도 작용했다. 그만의 독특한 카리스마가 훈련장 전체를 완전히 압도하고 있었다.

무엇보다 히딩크 감독 밑에서 훈련하며 힘들었던 점은 어떤 선수도 포지션 경쟁에서 자유로울 수 없었다는 점이다. 이전까지 붙박이 최전방 스트라이커로 뛰던 나도 까마득한 후배인 설기현

이동국과 어깨를 나란히 하면서 치열하게 포지션 경쟁을 펼쳐야 했다. 또, 포지션 자체도 중앙원톱과 왼쪽 윙 포워드를 오가며 어느 쪽이 적당한지 계속 테스트를 받았다.

처음에는 이런 대결 구도와 포지션 테스트가 상당한 스트레스로 작용했다. 이전의 경력으로 인정받겠다는 생각은 처음부터 없었지만, 월드컵 최종 참가자명단에서 탈락할 수도 있다는 사실은 마지막 무대를 대비하던 나에게 엄청난 부담이었다.

그러나 점차 히딩크 감독의 지도 스타일에 적응하면서 스트레스는 점점 줄어들기 시작했다. 특히, 언젠가 평가전이 끝나고 소속팀에 돌아가기 위해 인사하러 가자 히딩크 감독은 '화니(나의 애칭)는 베테랑인 만큼 소속팀에 복귀해서도 체력관리에 힘쓰라'라며 따뜻한 관심을 보여줘 나는 감동했다.

이렇게 서로에 대해 마음을 열자 훈련장에서도 많이 편안해졌다. 장난기가 넘치는 히딩크 감독과 서툰 영어지만 격의 없는 대화도 나눌 수 있게 되었다.

확실한 선수 관리와 개개인에 대한 따뜻한 관심. 세계적 명장인 히딩크 감독으로부터 배운 점이다."

-〈황선홍, 스포츠조선, 황선홍의 월드컵일기, 2002.7.2. 일자〉

이처럼 히딩크는 그라운드에서의 공(公)과 그라운드를 떠난 사(私)를 분명하게 구분했다. 규칙을 어겼을 때는 엄격한 제재를 함으로써 선수들에게 일벌백계(一罰百戒)하는 리더십을 발휘하였다.

특히 그는 자신을 신사적이라고 평가하는 것은 선수가 규칙과 규율을 지켰을 때는 맞는 말이지만 그렇지 않을 때는 아니다. 그리고 규율을 강조해 온 것이 지금의 자신을 있게 했다며 평소 엄격한 법규 준수와 원칙 실천을 강조했다.

그러나 그는 선수 개개인에 대해서는 매우 부드러웠다. 미국전에서 이을용이 페널티킥을 실축했어도 그것은 경기 일부일 뿐이니 기죽지 말라고 위로한 것이나, 포르투갈전 결승 골을 넣은 박지성이 히딩크에게 달려가 얼싸안긴 장면은 아직도 매우 인상적이다.

그것은 선수들에 대한 히딩크의 믿음과 사랑의 표현이었다. 박항서 코치도 히딩크는 팀을 장악하는 카리스마는 뛰어났지만, 선수를 억압하는 면은 결코 없었다고 술회하였고, 최진철은 큰 형님처럼 너무 편했기 때문에 믿는 만큼 실망스럽지 않도록 노력했다고 했다.

이와 같은 히딩크의 엄격한 규율 준수와 인간적이고 사랑이 넘치는 리더십의 조화는 평소 대표팀 내에서 개인적인 욕심을 버리고 조직적인 플레이를 할 수 있는 팀 분위기를 형성하였다.

이는 결국 감독, 코치, 선수 모두가 하나로 단결하는 토대를 마련하여 4강의 고지에 진출할 수 있었던 원동력이었다. 이렇게 엄정한 법령 적용은 모두에게 이익이 되었음(令素行者 與衆相得也)은 말할 나위 없다.

T H E   A R T   O F   W A R

지형

地形

지형을 잘 활용하라

지형(地形)

다양한 형태의 지형에 맞는
용병술과 지형에 대한 이해를 설명하며,
장수의 잘못으로 생기는
패배하는 군대의 여섯 가지 형태를 제시하고,
나라와 백성을 위하는 장수의 덕목과
지피지기 지천지지(知彼知己 知天知地)를 해야
온전한 승리를 이룬다는 것을 설명하였다.

23.

장수가 피해야 할 여섯 가지 잘못

인복(人福)이 있는 사람이란, 그 사람이 속해 있는 조직 내에서 윗사람과 동료, 아랫사람을 두루 잘 만난 사람을 두고 하는 말이다. 그중에서 조직의 리더인 윗사람은 그 조직의 성패를 책임지며 조직원의 인사에 영향력이 많은 핵심 위치이므로 매우 중요하다. 마치 한 마리의 양이 이끄는 백 마리의 사자 무리보다 한 마리의 사자가 이끄는 백 마리의 양 떼가 더 두려운 것처럼 말이다.

그래서 리더는 자신의 의사결정이 조직의 발전과 성공을 위하여 꼭 필요한 것인지 숙고하여 실행하여야 한다. 왜냐하면,

한 번 잘못한 의사결정은 조직 구성원 전체를 위기로 몰아넣기 때문이다.

군에서 리더의 중요성을 강조하기 위해 우스갯소리로 전해지는 이야기가 있다.

평소 독도법(지도를 보고 길을 찾아가는 방법)에 어두운 어느 소대장이 소대원을 이끌고 정해진 목표지역을 공격하고 있었다.

그 소대장과 소대원은 어느 고지에 이르러 돌격하여 목표인 고지를 탈취하였는데, 얼마 안 되어 소대장은 낙담한 표정을 지으면서 혼잣말로 "여기가 아닌 게비여."라고 하면서 다시 소대원을 이끌고 아래로 내려가 다른 고지를 향해 공격하였다.

이번에도 역시 지도를 잘못 읽어서 소대원을 엉뚱한 목표에 다시 돌격시킨 소대장이 긴 한숨과 함께 "아까 거기가 맞은 게비여."라고 하였다.

그 순간 소대원은 모두 사색이 되어 망연자실하였다.

물론, 우스갯소리로 하는 이야기지만, 훈련이 아니고 실제 전투라면 어떻겠는가. 많은 소대원의 목숨은 무능한 소대장으로 인해 전투 한번 못해보고 사라졌을 수도 있다. 생각만 해도 아찍하다. 그래서 조직의 리더는 유능해야 하고 올바른 품성을 갖추어야 하며, 헌신적인 태도를 견지한 사람으로서 의사결정 시에는 냉철한 판단을 할 수 있어야 한다.

손자는 군대에서 적에게 패배하는 여섯 가지 위태로운 일이 있는데, 그것은 주병(走兵), 이병(弛兵), 함병(陷兵), 붕병(崩兵), 난병(亂兵), 배병(北兵)을 경계하였다. 이 여섯 가지 잘못은 하늘과 땅으로 표현되는 자연현상에서 오는 재해가 아니라 오로지 장수의 잘못으로 생겨나는 것(凡此六者 非天地之災 將之過也)이라 하여 경계하였다.

첫째, 주병(走兵)이란 적과 아군의 세력이 대등한데도 불구하고 자신의 하나로써 적의 열을 치는 것(夫 勢均 以一擊十日 走)이다. 즉, 자신의 모습은 감추고 적의 모습은 드러나게 하여 자신의 열로써 적의 하나를 쳐야 주도권을 잡고 승리를 쟁취할 수 있는 것인데, 오히려 자신의 하나로써 적의 열을 치는 형국이니 그것은 달걀로 바위를 치는 것과 마찬가지로 결과는 불을 보듯 뻔하다.

그래서 히딩크는 중원에서 상대의 공격 흐름을 끊고 역습할 수 있도록 협력 수비, 압박축구를 구사하였다. 즉, 상대의 공격수가 드리블할 때 순간적으로 서너 명의 한국 선수가 에워싸서 상대 공격을 차단함으로써 국지적인 지역에서 상대보다 수적 우세를 달성하여 경기를 지배하고, 주도권을 장악하려는 것이었다.

둘째, 이병(弛兵)이란 졸병은 강한데 간부가 유약한 것(卒强吏弱曰 弛)을 말한다. 조직에서 간부(幹部) 위치는 나무에 비유할 경우 곧은 줄기에 해당하는 부분이다. 즉, 조직의 허리를 받치는 골격이 간부인데, 그 간부가 유약하면 병졸을 통솔할 수 없으므로 조직의 기강이 흐트러진다.

2002년 월드컵에서 히딩크의 참모진은 대한축구협회의 전폭적인 지원 아래 역대 어느 대표팀의 참모진보다 우수한 전문가로 구성했다.

아시아 축구에 정통하고 자신도 감독을 역임했던 주무 참모인 핌 베어벡(Pim Verbeek)수석 코치, 대표팀의 기술 분석과 언론을 담당한 얀 룰프스(yan lulpeuseu) 기술 코디네이터, 대표팀과 상대팀의 경기내용을 비디오에 담아 이를 자신이 개발한 모션 프로그램으로 분석하여 히딩크에게 제공한 비디오 분석가 아프신 고트비(apeusin goteubi), 선수들에게 저승사자로 불리며 대표팀의 체력강화 프로그램을 담당한 피지컬 트레이너 레이몬드 베르하이엔(leimondeu beleuhaiyen) 그리고 94년 미국 월드컵에 이어 두 번째 대표팀 코치를 맡으면서 외국인 스텝과 융화에 힘쓴 박항서 코치(2017년 10월부터 베트남 국가대표팀 감독을 맡아 베트남 축구 수준을 한 단계 격상시키고, 화려한 전적을 성취하여 베트남의 국민적 영웅이 됨), 정해성 코치, 골키퍼 조련의 명수 김현태 GK 코치, 최진한 트레이너, 그리고 김현철 주치의, 물리치료사 3명과 장비 담당, 통역담당, 언론담당 등 무려 15명 이상의 유능한 간부 스태프진이 히딩크를 보좌하였으니 사졸이 강하고 간부가 유약하여 팀을 제어하지 못하고 기강이 해이해지는 이병의 약점은 없었다.

셋째, 함병(陷兵)이란 간부가 강하고 졸병이 유약한 것(吏强卒弱曰陷)을 말한다. 졸병을 훈련하여 강병을 양성하는 것은 간부의 책무이므로 용장 휘하에 약졸은 없다. 만약 졸병이 유약하다고 하는 것은 간부의 책임이다.

히딩크가 이끄는 한국 선수는 1년 6개월 동안 숱한 시험과 평가를 거쳐 엄선한 정예였다. 히딩크는 수많은 축구 관계자와 언론의 조언에도 불구하고 프로 경기가 있는 곳과 실업팀이나 대학 경기가 열리는 곳을 직접 찾아다니며 선수 발굴에 힘썼다.

그가 이 기간에 무려 63명의 선수를 꾸준하게 관찰하면서 검증하고 최종 23명의 엔트리를 구성하였는데, 이 과정을 통해 선수 상호 간 경쟁심을 유발함으로써 개인의 기량뿐만 아니라 조직강화라는 효과를 거두었다. 이런 방식으로 엄선하고 훈련한 대표팀은 히딩크를 포함한 간부 스태프진과 선수 모두는 최고로 강한 '태극전사'로 거듭났다. 손자가 우려한 간부들은 강용한데 사졸들이 겁약한 함병의 약점 또한 없었다.

넷째, 붕병(崩兵)은 군대의 규율과 기강이 무너진 군대를 일컫는다. 장수가 자주 화를 내며 명령에 불복종하고(大吏怒而不服), 적을 맞아 싸워야 하는 데도 서로 다투듯 제멋대로 싸우는(遇敵懟而自戰)데도, 장수가 그런 휘하 간부들의 능력을 잘 알지 못하고 통제하지 못하는 것(將不知其能曰 崩)을 붕병이라 한다.

엄정한 군기를 확립하여 장수의 명령을 최말단의 병사까지 신속하게 전파하고, 장수와 병사가 한 몸처럼 일사불란해야 하나, 붕병의 사태가 발생하면 적전분열(敵前分裂)하여 그 군대는 싸우기도 전에 이미 진 것과 다름없어진다.

히딩크는 한국 대표팀을 맡은 초기부터 코치진과 선수에게 자신이 원하는 축구 스타일을 제시하여 대표팀의 모든 사람이 이를 이해하고 그의 지휘방침을 공유하도록 하였다. 그런 그의 리더십에 따라 선수들은 각 포지션의 역할과 감독이 추구하는 전술적 특징을 이해함으로써 조직력을 향상하고, 90분 내내 그라운드를 통제할 수 있는 강한 팀으로 성장하였다.

특히, 그는 전문 코치진을 효과적으로 활용하여 각자의 역할을 분담했다. 그 능력을 충분히 발휘할 수 있는 여건을 조성함으로써 과거의 두 외국인 감독인 크라머나 비쇼베츠의 지도 방식 때문에 한국인 코치진과 불화를 초래하였던 것에 비해, 히딩크는 특유의 카리스마와 친화력으로 조직의 결속을 다져나갔다.

장수가 성을 자주 내며, 사졸들이 통제에 불복하고, 적을 만나면 다투듯이 제멋대로 싸우는데도 지휘관이 그들의 능력을 알지 못하는 붕병의 사태를 예방하였다.

다섯째, 난병(亂兵)이란 장수가 유약하여 엄정함도, 명확하게 가르치는 것도 없고(將弱不嚴 敎道不明), 간부와 병졸들 또한 일정한 절도가 없고(吏卒無常), 전투 진영이 종횡으로 어지러워 난잡한 것(陳兵縱橫曰 亂)을 이른다. 이는 한마디로 군기가 없는 군대이므로 비록 군대가 있더라도 쓸 수 있는 군대는 없는 것과 마찬가지이다.

용장(勇將) 휘하에 약졸(弱卒)이 없다는 말이 있지만 이와 같은 난병의 군대는 약장(弱將) 휘하에 약졸(弱卒)만 있는 오합지졸(烏合之卒)의 격이니 농부가 괭이와 삽을 들고 전투에 임하는 것이 더 나을 것이다.

히딩크는 '규율을 지키고 강조해 온 것이 지금의 나를 있게 했다'라고 할 정도로 원칙과 규율에 대하여 철저했다. 팀 내부에서 매우 엄격한 규칙을 적용하였다. 예컨대 식사 시간, 복장, 단체 행동 시 휴대전화의 벨 소리, 경기 중의 선수끼리 호칭 등 아주 사소한 부분까지도 규칙을 정해 두고 본인부터 솔선수범하였다.

이렇게 엄격한 규칙 적용은 팀 내부의 절도 있는 생활과 플레이 스타일을 만들었다. 과거 한국 대표팀보다 2002년 한일

월드컵에서는 매우 엄격한 규율에 따라 절제하고 통제한 가운데 강한 조직력을 바탕으로 90분 내내 상대를 압박하여 경기를 지배할 수 있었다.

마지막으로 배병(北兵)이란 장수가 료적(料敵)의 실패 즉, 적을 잘 분석하지 못하여 적은 수의 병력으로 많은 적을 상대하게 하고(將不能料敵 以少合衆), 전투력이 약한 병력으로 강한 적을 치도록(以弱擊强) 하여 정예로운 선봉 부대가 살아남지 못하여 패배에 이르는 것(兵無選鋒曰 北)을 이른다.

장수는 부대의 성패에 책임을 지는 자로서 적의 의도와 능력에 대하여 철저하게 분석하여 대비책을 강구함으로써 최소한의 희생과 노력으로 목표를 달성해야 한다. 그러나 장수가 아둔하여 적에 대한 료적(料敵)없이 경솔하게 무리한 진격을 하거나 강한 적을 가볍게 여기며 즉흥적인 공격을 한다면 부하를 사지로 몰아넣는 것과 다름없다.

히딩크의 료적(料敵) 능력은 타의 추종을 불허한다. 적을 알기 위해 거의 매일 비디오 자료를 분석하고 각종 과학적 프로그램을 적용하여 상대팀의 전술적인 특성과 강·약점을 파악하였다.

또한, 상대팀의 개성과 감독 및 선수의 성향, 전술 특징, 주공격 루트 등 유무형의 모든 요소를 다 파악한 다음 상대팀과의 워게임 분석을 통하여 상대의 강점을 회피하고 상대가 효율적으로 사용하지 못하는 방안을 찾았다. 그리고 상대의 약점을 최대한 이용하는 전술을 개발 및 적용하였다.

지난 48년, 한국 월드컵 도전사는 매번 유럽이라는 강적을 만나 힘없이 패배했었다. 그러나 4강 위업을 달성한 2002년 한일월드컵 국가대표팀의 겉으로 드러난 모습만 보면 감독 한 사람의 차이에 불과하다는 점에서 CEO나 리더, 장수의 책무와 역할이 얼마나 중요한지를 보여준다.

24.

지형분석은 최고 지도자의 책무다

군사작전에서 지형이 차지하는 중요성은 매우 크다. 전투의 구성요소가 전투력(COMBAT POWER), 시간(TIME), 공간(SPACE)이라 할 때 공간에 해당하는 것이 바로 지형이다. 지금은 바다나 하늘, 우주, 사이버의 영역까지 다 포함할 수 있으나 여기서는 지형에 국한한다. 군사적으로 지형은 높고 낮음, 지세의 흐름, 넓고 좁음, 멀고 가까움 등 복잡하고 다양하여 군사작전 할 때, 물리적인 부분만 아니라 정신적으로도 많은 영향을 미친다. 유리한 지형을 차지하는 편이 전투력 발휘에 유리하고, 전투에서 유리한 지형을 차지하기 위해 사투를 벌이는 것이니 장수가 지형을 중요하게 여기지 않을 수 없다.

맹자도 천시불여지리(天時不如地利)라 하여 하늘의 때는 지리(지형의 이점)만 같지 못하다고 하였는데, 전쟁에 임하여 하늘이 주는 때(천시, 전기, 시기 등 시간과 기회 요소)가 아무리 아군에게 유리하더라도 자신보다 적이 더 유리한 지형(地形)을 차지하고 있으면 승리하기 어렵다는 것을 말한다. 이렇듯 지형 요소는 전쟁의 승패에 매우 큰 영향을 미친다.

따라서 경쟁 관계인 상대를 대응할 때, 리더는 지형의 유불리를 명확하게 따져서 유리한 점을 극대화하여 이용하고, 불리한 점을 최소화하거나 제거하여 지형을 효율적으로 극복하기 위하여 노력을 다해야 한다.

손자는 전쟁은 나라의 중요한 일이며, 백성의 생사와 나라의 존망이 걸린 문제라서 깊고 깊게 살피지 않을 수 없으므로 오사칠계(五事七計)로써 그 정세를 파악해야 한다고 했다.

오사는 도(道), 천(天), 지(地), 장(將), 법(法)인데, 지(地)라고 하는 것은 멀고 가까움, 험함과 평탄함, 넓고 좁음, 막다르고(死地) 트인 곳(生地) 등으로 지형 특징을 나누었다.

그래서 손자는 지형이란 용병에 있어서 보조적 도움을 주는 것(夫 地形者 兵之助也)이니 적을 분석하여 승리의 태세를 만들어 가며, 지형의 험함과 좁음, 멀고 가까움을 판단하여 활용하는 것은 최고 장수가 해야 하는 일(上將之道也)임을 강조했다. 그는 이러한 지형의 특징을 잘 알고 용병하면 전쟁에서 반드시 이기고(知此而用戰者 必勝), 알지 못하고 용병하면 반드시 패배한다(不知此而用戰者 必敗)고 하였다.

축구장은 FIFA에서 규정한 규격에 따라 국제적으로 같다. 축구장의 지형이 험하고 쉽거나(險易), 넓거나 좁고(廣狹), 멀거나 가까움(遠近)을 따진다는 것은 의미가 없다. 그러나 축구장의 특징인, 바닥 습도와 잔디의 생육상태, 길이 등 세밀한 부분을 잘 고려하면 이점을 활용할 수 있다. 그런면에서 히딩크는 홈그라운드의 이점을 최대한 활용하여 축구장 상태를 대표팀에 유리하게 조성하는 치밀함을 보였다.

그는 서귀포에서 마지막 전지훈련을 시작할 때, 잔디 상태를 꼼꼼하게 점검하면서 젖은 상태의 잔디를 요구했다. 그리고 경주 캠프에서는 시민운동장과 화랑구장에 하루 50t 이상의 물을 뿌리기도 하였는데, 대표팀의 경기 스타일이 패스를 많이 하고, 스피드를 살리기 위하여 연습 간에 공이 잘 구르도록 잔디가 젖어 있어야 했기 때문이다.

이처럼 히딩크는 대표팀의 경기 스타일을 고려하여 젖은 그라운드를 이용하여 훈련했다. 젖은 잔디에서는 볼의 속도가 훨씬 빨라지므로 여기에 적응한 한국 선수의 경기 속도도 함께 빨라져 한국 축구의 강점인 속공 축구를 구사할 수 있었기 때문이다.

히딩크의 물뿌리기 작전은 실제 경기에서 효과를 톡톡히 보았다. 폴란드와의 예선 첫 경기가 있었던 부산 구장에서 그는 미리 물을 뿌리도록 조치하였다. 이 때문에 폴란드 선수들은 잔디 적응에 애를 먹었고 특히, 장신 선수들에게 불리하게 작용하였다. 반면 젖은 상태의 잔디에서 계속 훈련하여 익숙해진 한국 선수는 빠른 패스를 주고 받으면서 대표팀 특유의 스피드를 살려 폴란드를 제압할 수 있었다.

미국전이 있는 대구 경기장에서는 잔디에 물 뿌리는 작전을 FIFA에서 알아채지 못하도록 축구협회 관계자가 경기장 상태를 점검하는 FIFA 직원을 다른 곳으로 잠시 관심을 돌리는 웃지 못할 에피소드도 벌어졌었다고 한다. 그러나 히딩크는 포르투갈전에서는 달랐다. 패스 능력이 우수한 포르투갈 선수에게는 젖은 잔디가 오히려 유리한 것으로 파악했기 때문에 인천 구장 관계자에게 물을 뿌리지 않도록 요청한 것이다. 이처럼 히딩크는 그라운드의 상태를 대표팀에 유리하게 물을 뿌리기도 하고 물을 뿌리지 않기도 하면서 지속적으로 지형을 관리하였다.

히딩크가 잔디 상태에 크게 관심을 두고 물을 뿌리라고 한 것은 지형의 마르고 젖음(乾濕)에 따라 전술 운용을 달리하고, 지형 상태를 자신에게 유리하도록 조성한 후, 경기에 임하는 장수로서의 책무를 다한 것이다.

우리가 살아가는 사회 환경은 전쟁터에서 지형과 마찬가지로 환경 상태에 따라 자신에게 유리하거나 불리할 수 있다. 따라서 조직을 이끄는 지도자는 주변 환경의 유불리를 면밀하게 분석하여 대책을 마련하여 조직 구성원이 불리한 환경을 극복하고, 자신에게 유리한 환경에서 대응하도록 여건을 마련해 줘야 한다.

이것이 조직을 이끌어가는 리더가 하여야 할 책무인 지형분석이다.

25.

소신 있는 장수는 나라의 보배이다

장수의 능력과 성정(性情)에 따라 한 나라의 운명을 좌우하는 경우가 전사(戰史)에 자주 나온다. 칸나이 전투에서 야심 많고 성격이 급한 로마의 집정관이자 장군이었던 가이우스 테렌티우스 바로(Gaius Terentius Varro)는 카르타고의 한니발 군을 맞아 무모하고 성급한 작전을 펼쳤다가 섬멸 당하는 오명을 얻었지만, 한니발은 바로의 급한 성격을 이용하여 과감하게 유인포위전술을 구사함으로써 전장의 위기를 극복함과 동시에 전쟁 영웅이 되었다.

이처럼 장수는 한 나라의 운명을 좌우할 수 있는 중요한 사람이다.

"고올을 정복한 것은 로마의 군대가 아니라 시저(Caesar)였다. 로마를 전율케 한 것은 카르타고의 군대가 아니라 한니발이었다. 멀리 인도까지 원정한 것은 마케도니아의 군대가 아니라 알렉산더이다."

문장 그대로이다.

지휘관과 리더의 중요성을 규정한 말 중에 이보다 분명한 말이 있을까? 이처럼 출중한 지도자 한 사람의 능력과 지도력에 따라 한 나라뿐만 아니라 세계 역사가 달라졌음을 알 수 있다.

동서고금의 유명한 장수는 결코 자신의 명예나 부를 추구하지 않았으며, 언제나 자신의 조국과 국민을 위해 싸웠기 때문에 결정적 순간에 목숨을 두려워하지 않고 진격할 수 있었다. 마치 이순신 장군이 두 번에 걸친 백의종군을 감내하면서 임진왜란에서 풍전등화와 같았던 조선의 운명을 구하고 전사하신 것처럼 말이다.

왜장 고니시 유키나가(小西行長)는 첩자 요시라를 통해 가토 기요마사(加籐淸正)가 곧 부산 앞바다로 건너오니 그때 조선의 수군이 체포하도록 정보를 흘렸다. 조정에서는 이 첩보를 근거로 이순신 장군에게 출병하라는 명령을 내렸지만, 이순신 장군은 요시라의 간계로 판단하여 적 첩자의 말을 믿을 수 없고, 설령 사실이라도 수군을 함정에 빠뜨리려는 음모라 판단하여 출병하지 않아 파직과 백의종군을 감수해야 했다.

또한, 선조가 육전(陸戰)을 하라는 명령을 내렸으나, 이순신 장군은 명량해전을 앞두고 선조에게 올린 장계에서 '신에게는 아직도 12척의 배가 남아 있으며(今臣戰船尙有十二) 내가 죽지 않는 한 적이 감히 우리의 수군을 업신여기지 못할 것입니다'라고 하면서 비장한 결의를 드러냈다.

오로지 나라와 백성을 구하기 위한 일념과 전투 현장의 절박한 상황에 임금의 명도 이행하지 않는(君命有所不受) 기개와 용기를 발휘하였다.

그래서 손자는 반드시 이길 수 있을 전세에서는 임금이 싸우지 말라고 해도 싸울 수 있고(戰道必勝 主曰無戰 必戰 可也), 전세가 불리하여 이길 수 없을 때는 임금이 나가 싸우라고 해도 싸우지 않을 수 있다고(戰道不勝 主曰必戰 無戰 可也) 했다.

그는 장수가 스스로 판단해서 진격하며 개인적인 명예를 구하지 않고(進不求名), 독단적으로 물러날 때도 후일에 닥칠 책임 추궁을 피하지 않으며(退不避罪), 오로지 백성을 보호하고 임금에게 득이 되는 것만을 생각하는(唯民是保而利於主) 장수는 나라

국 지 보 야
의 보배(國之寶也)라 하였다.

월드컵이라는 세계 축구 전쟁에서 우리는 히딩크라는 걸출한 장수를 삼고초려(三顧草廬)하여 유사 이래 처음, 세계 4강으로 올라섰다. 과연 히딩크는 나라의 보배였다.

그는 골드컵 대회에 참가하면서 약팀을 상대로 한 승수 쌓기는 자신을 속이는 것으로 생각하기 때문에 어려운 길을 택했고, 궁극적으로 한국 축구에 이바지한 인물로 기억되고 싶다고 했다. 이번 대회 참가는 체력과 전술훈련을 하는 과정이므로 장기적인 계획이 있으니 순간의 결과만 보지 말아 달라고 했다. 또 자신이 원하는 것은 낮은 전력의 팀들을 격파하면서 얻는 값싼 승리가 아니기 때문에 세계 일류 팀이길 원한다면 더욱 강한 팀과 싸워야 한다고 했다. 그래서 질 때 지더라도 배우고자 하는 자세로 그들과 일대일로 부딪쳐야 한다며 험난한 가시밭길을 마다하지 않았다.

그래서 그는 축구협회나 프로축구 구단에서 자신에게 많은 충고를 한다며, 중요한 것은 축구는 자신의 방식이 있고, 이를 원칙적으로 계속 추진한다고 했다. 그리고 언론에서 뭐라고 떠들어도 자신은 크게 개의치 않으며, 자신이 믿는 것은 오직 함께하는 선수들과 스태프, 자신의 전략, 자신의 철학뿐이라며 주변의 어떤 만류와 간여도 배제하고 오로지 한국 축구의 발전을 위해 자신의 소신대로 올곧은 길을 갔다.

만일 그가 확고한 소신 없이 주변의 숱한 간섭과 만류에 굴복하여 기존의 한국 대표팀에서와 같이 학연, 지연 등에 얽매인 선수선발을 하였다면 과연 박지성, 이을용, 송종국, 김남일 등과 같은 인재를 발굴했을 것인가, 나아가 4강이라는 기적과도 같은 성과를 거둘 수 있을 것인가. 아마 엄두조차 내지 못했을 것이다.

그의 참모습은 한국팀 감독으로 부임하기 전 인터뷰에서 찾아볼 수 있다.

그는 자신이 프로이므로 일한 만큼 받아야 한다면서도 돈은 다음 문제라 했고 중요한 것은 축구인으로서 또 다른 도전을 할 수 있다는 것과 한국민과 함께 월드컵을 치를 수 있다는 것이라 했다.

이처럼 히딩크는 개인적인 부와 명예보다 더 중요한 다른 가치가 있음을 말했다.

16강 진출 후, 정몽준 회장이 그를 한국 대표팀 감독으로 계속 선임하겠다는 의견에 대하여 경기에 임할 때는 무조건 이기겠다는 생각만 한다며, 한국 축구의 미래에 대해서는 생각이 많지만, 개인적인 자리에 대해서는 계획이 없다고 하였다. 폴란드를 이기면 영웅이 될 것이라는 주변 의견에 대해서도 자신은 영웅에 관해서는 관심이 없다며 자신의 일을 할 뿐이며, 내 일을 좋아할 뿐이라며 어떤 보상이나 대우에도 의연한 장수의 기질을 인상 깊게 보여주었다. 그야말로 진불구명(進不求名)이었다.

세계적 스타 플레이어가 자신의 몸값을 올리기 위해 개인플레이에 치중한 것과는 대조적으로 한국팀은 조국의 염원인 월드컵 1승, 그리고 16강 진출이라는 국민의 희망을 실현하기 위하여 히딩크라는 장수와 함께 철저히 조직적인 플레이를 함으로써 월드컵에서 4강 진출을 이루었다.

또한, 그 과정에서 감독이나 선수들은 개인의 명예나 부를 구하거나 월드컵 이후의 진로를 구하지 않았으며(進不求名), 국민의 염원 외에는 어떠한 생각도, 대가도 바라지 않았으니 어찌 그들을 나라의 보배(國之寶也)라 하지 않을 수 있을 것인가.

THE ART OF WAR

구지

九地

모든 수단으로 대응하라

26. 적을 분리하여 격파하라 | 27. 용병의 으뜸, 주속(主速)
28. 막다른 곳에서는 전력을 다한다 | 29. 상산(常山)의 뱀, 솔연(率然)과 같이 하라

구지(九地)

아홉 가지 전략적, 지리적 위치와
심리상태 등 상황에 따른 용병법을 설명하면서,
신속한 기동을 강조하고, 원정 시 적지에서 전투 의지와
단결력을 강화하는 계책과 최고 장수의 지휘통솔 방법,
패왕의 리더십 발휘 요령과 용병술을 설명하였다.

26.

적을 분리하여 격파하라

조직의 일사불란한 결속력은 상하좌우로 튼튼하게 연결할 때 가장 완벽하게 드러난다. 어떤 조직이든 약점이 있기 마련이다. 조직의 결속력이 좋으면 약점은 조직 내에서 다른 강점으로 보완하여 커버할 수 있다.

그것이 바로 조직력이다. 조직력은 구성원 상호간의 신뢰와 팀워크에서 나오는데, 열이 하나로 뭉쳐 힘을 발휘하면 하나하나 각자의 힘을 열 번 합한 것보다 더 크다. 이른바 시너지 효과로써 조직력은 그와 같은 속성이 있으므로 리더는 이러한 점에 착안하여 조직력을 극대화할 수 있도록 해야 한다.

여기서 각개의 힘을 하나로 묶어서 조직의 힘으로 승화시키는 것이 결속력이지만, 각개의 힘을 묶어주는 연결고리 중 약한 부분은 조직의 약점이다. 어떤 조직이든 이러한 약점은 존재하기 마련이다.

조직을 이끄는 리더는 자신의 취약함이 어디에 어떤 형태로 존재하는지를 정확하게 판단하여 약점을 보완하여야 한다. 그래야 경쟁 상대의 공격에 대비할 수 있다. 왜냐하면, 경쟁 상대는 끝없이 상대 조직의 결속력을 약화하기 위해 취약점을 파악하고 약한 부분을 공략하기 위해 온갖 노력을 다하기 때문이다.

손자는 용병을 잘하는 사람은 적이 앞뒤로 서로 연계하지 못하도록(所謂古之善用兵者 能使敵人 前後不相及)하고 상하가 서로 기대어 돕지 못하게(上下不相扶) 하며, 상황이 유리하면 움직이고(合於利而動), 불리하면 멈출 것(不合於利而止)을 강조했다.

축구에서 11명의 선수는 지역별로 최전방에서 스트라이커 역할을 하는 공격수, 상대방의 공격을 차단하는 수비수 그리고 공격과 수비를 연결하는 미드필더로 나누어져 있다. 그래서 축구는 공격을 살리기 위하여 수비수로부터 연결된 볼을 미드필더가 상대의 차단에 효과적으로 대응하면서 공격수에게 정확하게 연결하여야 한다. 물론, 수비 진영에서 공격수에게 바로 연결하기도 하지만 수비수가 상대방의 볼을 빼앗아 미드필더에게 연결하여도 미드필드(중원)를 상대 팀이 장악하면 공격과 수비가 양단으로 분리된다. 결국, 긴 패스에 의존하고 패스의 정확성이 떨어지거나 단조로운 공격에 의존함으로써 팀의 조직력과 공격력이 약해질 수밖에 없다.

그래서 히딩크는 수비수, 미드필더, 공격수 사이의 간격을 조밀하게 유지하여 틈이 발생하지 않도록 했다. 최전방의 스트라이커와 최종 수비수 간의 간격은 30m 이내로 유지하고, 미드필드에서 상대 공격수를 강하게 압박하여 상대 허리를 끊어 버림으로써 상대팀의 유기적인 공수 연결을 차단하였다. 이것이 콤팩트 사커(compact soccer)이다.

흔히 중원싸움에서 이기는 팀에게 승리의 여신이 웃음을 보낸다는 말도 있다. 콤팩트 사커는 미드필드를 장악하여 상대방의 연결을 차단함으로써 상대를 공격수와 수비수 두 그룹으로 분리하는 매우 효과적인 방법이다. 히딩크는 이를 통해 상대팀의 공격을 차단하고 그라운드 내에서 주도권을 장악하여 경기를 지배하였다.

또한, 공격과 수비, 중앙과 측면, 볼 주위와 볼이 없는 공간에서 선수 간 포지션의 균형을 유지하는 밸런스 축구를 구사하여 팀 결속력을 강화하였다.

축구에서 밸런스 유지가 중요한 이유는 미드필드에서 상대팀 보다 국지적인 수적 우세를 유지하기 위해 압박을 가하다 보면 순간적으로 상대에게 빈 공간을 허용하는 위험이 발생하는데, 밸런스를 잘 유지하면 커버 플레이를 통해 동료 선수와 유기적인 협조가 가능하여 위험을 예방할 수 있다.

손자가 적이 앞뒤를 서로 연계하지 못하도록 하고 상하가 서로 돕지 못하게 해야 한다고 했던 바와 같이 히딩크는 콤팩트 사커(compact soccer)를 통해 상대방이 조직적인 힘을 발휘하지 못하도록 상대 선수간에 연결을 적극적으로 차단하고, 서로 도와주지 못하도록 결속을 끊임없이 방해함으로써 그라운드에서 주도권을 장악할 수 있었다.

경쟁에서 승리하기 위하여 자기 조직의 취약점이 어디에 어떻게 존재하는지 알고, 그 약점을 보완하거나 상대로부터 보호함으로써 조직의 결속력을 최대한 발휘하도록 해야 한다.

그렇게 한 상태에서, 상대의 조직력 발휘를 저지하기 위해서는 상대의 물리적 또는 정신적으로 가장 핵심이 되는 중심(重心)을 파악하여 공략함으로써 상대의 결속력을 와해시키는 것이 가장 효과적이다. 그 중심은 상대가 반드시 지키고 구해야 하는 대상이라 할 수 있다.

손자는 제6편 허실에서 자신이 싸우고자 하면 적이 비록 성루를 높이 쌓고 참호를 깊이 파고 있다 해도 나와서 싸울 수밖에 없게 하는 것은 그들이 반드시 구해야 할 곳을 공격(我欲戰 敵雖高壘深溝 不得不與我戰者 攻其所必救也)하기 때문이라면서 적의 약점이 되는 급소를 공격해야 한다고 강조했다.

상대의 결속을 튼튼하게 하는 연결고리가 어디인지를 찾아내서 그중 가장 약한 연결고리, 적의 급소가 되는 약점을 집중적으로 공격하여 파괴하거나 차단하면 된다.

그 약한 연결고리는 상대가 가장 숨기고 보호하고 싶은 약점이자 아킬레스건이다. 그곳을 파괴하거나 연결을 제한하면 조직력 전체 균형이 무너진다.

그렇게 한다면 상대의 전투력은 분리되며, 분리한 적은 나의 집중한 전투력으로 하나씩 하나씩 각개격파 할 수 있다. 이것이 적을 분리하여 격파해야 하는 이유이다.

27.
용병의 으뜸, 주속(主速)

1796년 27세의 나이로 이탈리아 원정군의 사령관으로 출정한 나폴레옹 전략의 핵심은 결정적인 시간과 장소에서 적보다 우세한 병력을 먼저 신속하게 투입하여 결전하는 것이었다.

나폴레옹은 신속한 기동력을 바탕으로 적의 배후를 차단함으로써 적이 효과적으로 대응할 수 있는 시간 여유를 박탈하고, 상대적으로 우세한 전투력을 투입하여 결전을 통해 각개 격파하였기 때문에 승리할 수 있었다.

경쟁 상대가 미처 생각하지 못한 빈틈이나 상대의 경계가 허술하거나 없는 곳을 기습하여 신속하게 공격하면 분명 유리한 상황을 만들 수 있다. 관건은 상대방이 대응하지 못하도록 은밀하게 공격하거나 상대가 알아채더라도 대응을 할 수 있는 여유를 주지 않기 위하여 최대한 신속하여야 한다.

비록 상대가 알았다더라도, 예상한 이상의 빠른 속도로 공격하여 상대가 대응할 시간을 뺏음으로써 당할 수밖에 없는 상황에 놓이게 하여야 한다.

현대 사회를 살아가는 우리도 마찬가지로 속도의 경쟁 속에서 살고 있다. 그래서 경쟁 상대보다 속도를 통제할 수 있으면 성공한 삶을 살고 속도를 따라가지 못하면 뒤처지거나 도태될 수밖에 없다.

이 속도는 전쟁에 있어서 매우 중요하다. 적보다 먼저 이동하여 적보다 유리한 위치에서 싸운다면 보다 쉽게 이길 수 있기 때문이다. 그래서 손자는 군사 작전의 으뜸은 신속함(兵之情主速)이기 때문에 적의 세력이 미치지 못하는 틈을 타서(乘人之不及) 적이 생각하지도 못한 길을 따라(由不虞之道) 적이 경계하여 대비하지 않는 곳을 공격해야(攻其所不戒也) 한다고 강조했다.

그리고 처음에는 마치 처녀처럼 얌전하고 조용하게 대비하고 있다가(始如處女) 적이 성문을 열어 허점을 발견하면 마치 도망가는 토끼처럼 신속하게 달려들어(敵人開戶 後如脫兎) 공격하면 적이 미처 막을 수 없다(敵不及拒)고 하여 달아나는 토끼처럼 빠른 기동, 신속함을 강조하였다.

신속함은 한국 축구의 성공에 결정적으로 기여한 핵심요소이다. 히딩크는 부임 초부터 스피드를 강조했다. 그가 어느 프로축구를 관전한 후, 한국 축구는 워킹(walking) 게임이라면서 속도의 느림을 지적했다.

그는 축구의 기본은 기술이지만, 스피드와 체력를 뒷받침하지 않으면 어떤 기술도 먹히지 않을뿐더러 체력과 스피드가 앞서는 선수가 경기에서 이길 수밖에 없다고 수없이 강조했다.

속도가 빠른 팀으로 성장하기 위하여 강인한 체력을 뒷받침해야 하는데, 대표팀의 체력강화 프로그램 도입은 월드컵 개막 50일 전 인터뷰에서 히딩크가 밝힌 원하는 팀 색깔과 의도에서 짐작할 수 있다.

"체력적으로 강한 팀이 내가 바라는 한국의 색깔"

이에 따라 히딩크는 선수선발에 있어서 기동력이 뛰어난 선수 위주로 발탁하고 요즘에는 속도가 없으면 경기에 지기 때문에 대표팀 선수선발 시 첫 번째로 기동력을 봤다고 하였다.

그래서 그는 대표팀을 강화하는 파워 프로그램에서 20m 왕복달리기, 미니게임 등을 통해 심폐기능을 향상하는데 집중하였다. 특히 체력강화 프로그램 중 왕복달리기는 10m 간격으로 삼각뿔을 놓고, 선수가 뛰어가면서 터치하고 돌아와야 했다. 일명 '삑삑이'라 불리는 녹음한 신호음에 따라 점점 뛰는 속도가 빨라지게 하는 훈련으로 선수들의 빠르기와 지구력을 향상하는데 공헌하였다.

그 결과 한국 선수들은 90분 내내 시종일관 똑같은 체력과 스피드로 경기를 주도할 수 있었고, 때로는 강하고 빠르게, 때로는 느리게 강약 완급을 조절하는 플레이로 경기를 지배할 수 있었다.

히딩크는 잉글랜드와의 평가전을 앞둔 서귀포 전지훈련 기자회견에서, 월드컵 직전에 잉글랜드, 프랑스 등 세계 강호들과 경기하는 것을 두고 염려하는 목소리가 많았지만 그들의 게임 스피드를 보고 배울 수만 있다면 본선에서 큰 도움이 될 것이라 확신하였다.

폴란드의 엥겔 감독은 한국과 1차전을 마친 뒤 한국 축구의 특징은 매우 빠르고, 공격적이었다며 D조의 다른 팀들도 한국을 쉽게 이기지 못할 것으로 예측하였는데, 그의 말은 예선뿐만 아니라 본선에서도 그대로 적중하였다.

그뿐만 아니라 전차군단 독일이나 덴마크, 세네갈, 미국, 아르헨티나, 스웨덴 등도 상대팀보다 월등한 스피드를 활용하여 이변과 함께 승리를 거두었는데, 그것은 스피드를 활용한 빠른 패스와 돌파로 승부를 짓는 세계 축구의 조류에 신속하게 적응하였던 결과이며 지금도 통용되는 사실이다.

동서고금을 막론하고 인간 사회의 모든 분야에서 속도의 우위는 상대적 경쟁 우위를 갖출 수 있는 핵심 요소이다. 특히, 현대 사회에서 스포츠뿐만 아니라 개인이나 기업 경영에서 속도는 조직의 승패나 존망을 가르는 매우 중요한 사항으로 리더는 이를 간과해서는 안 된다.

어떤 것을 원한다면 실행하기 전에 심사숙고해야 하지만, 경쟁 상대보다 신속한 의사결정과 신속한 행동 체계를 구축하는 것이 경쟁 구도를 주도할 수 있는 핵심 요건이다. 그래야 경쟁 구도의 유리한 고지를 먼저 점령하고 주도권을 확보할 수 있다.

높이 나는 새가 정면을 멀리 보면서 먹이를 먼저 찾고, 빨리 나는 새가 다른 새보다 먹이를 먼저 낚아채는 것이다. 우물쭈물하면서 시간을 허비하지 말고 상대보다 신속하게 결정하고 행동할 필요가 있다.

그것이 손자가 말한 군사작전의 으뜸은 신속함(兵之情 主速)

이라는 것이니, 일반 사회의 경쟁에서 상대보다 빠른 의사결정과 유리한 상황을 만들기 위한 신속한 행동 조치가 필요하다.

28.

막다른 곳에서는 전력을 다한다

배고픈 한 마리의 여우가 토끼를 쫓고 있는데, 여우는 결코 토끼를 잡을 수 없다고 한다. 여우는 한 끼의 식사를 위해 뛰지만, 토끼는 그의 목숨이 경각에 달린 생사의 문제여서 죽을 각오로 뛰기 때문이다.

마찬가지로 사람의 힘도 막다른 곳에서는 상상을 초월할 초인적 힘을 발휘한다. 그 힘을 끌어내는 원동력은 바로 그가 처한 막다른 극한 환경이며, 자칫하다간 목숨이 위태로운 절체절명의 상황인데, 이를 빗대어 쥐도 궁지에 몰리면 고양이를 문다고 하는 것과 같은 이치다.

그래서 사람을 돌아올 곳 없는 곳에 던져 넣으면 평소에 볼 수 없던 굳은 각오와 단결로 백배의 용기를 발휘한다. 죽음이 눈앞에 닥치면 스스로 살길을 개척하는데 주저함이 없다. 따라서 조직을 운영하는 리더는 이러한 이치를 잘 알고 구성원의 동기를 부여하는 데 있어서 절박함이 생기도록 경쟁 구도를 만들고 성과에 대한 과감한 보상을 제시한다.

손자는 용병하는 데 있어서 병사가 죽기를 각오하고, 용전분투하게 하는 방법을 제시하였다. 즉, 더 갈 곳이 없는 곳에 병사를 투입하면 죽음을 각오하고 싸우기 때문에 패하지 않는다(投之無所往 死且不北). 죽기를 각오하고 싸우는데, 어찌 병사들이 힘을 다하지 않을 것인가(死焉不得士人盡力)라 하였다.

병사들이 극단적인 위험에 빠지면 오히려 두려움을 잊고(兵士甚陷則不懼), 더 갈 곳이 없으면 단단하게 뭉쳐서 굳세어 지며(無所往則固), 적지에 깊숙이 들어가면 오히려 마음에 투지가 생기고, 부득이 싸울 수밖에 없는(入深則拘 不得已則鬪) 것이다.

월드컵이라는 축구 전쟁에서 각국 대표팀은 자신의 조국을 대표하여 사력을 다해 싸운다. 특히, 히딩크가 이끄는 한국 대표팀은 월드컵 역사상 처음으로 개최한 홈그라운드에서 역사적인 1승을 얻기 위해 48년이라는 장구한 세월의 도전사에 마침표를 찍어야 하는 간절한 국민적 소망을 안고 절박한 싸움을 해야 했다.

대한축구협회가 히딩크를 대표팀 감독으로 선임했던 것도 그러한 국민의 열망과 월드컵 주최국으로서 최소한의 자존심을 지켜야 했기 때문이었다. 그래서 히딩크를 포함한 대표 선수들은 그라운드에 쓰러지는 한이 있더라도 끝까지 싸워야 했다.

폴란드전에서 승리한 뒤 히딩크는 더 커진 한국 국민의 기대감을 어떻게 채워줘야 할지 당황스럽다. 얼마 전까지만 해도 스포츠 기사에만 내 이름이 실렸는데 최근엔 정치, 경제, 사회 등 각 부문에서 내 이름을 인용하는 것으로 듣고 있다면서 국민의 요구와 기대가 점점 커짐에 따라 자신이 갖는 부담감과 사명감도 더 커졌고, 더 물러설 곳이 없음을 인식하였다.

미국전에서 왼쪽 눈이 찢어지는 상처를 입고, 붕대를 감아 내며 투지를 불태웠던 황선홍이나 이탈리아전에서 비에리의 팔꿈치에 부딪혀 코뼈를 다친 김태영이 배트맨 마스크를 쓰고 투혼을 발휘하였던 것은 국민의 열화와 같은 성원에 부응하기 위해 더 물러설 곳이 없는 절박함과 한국 축구의 승리를 위한 불굴의 의지를 표현한 것이었다.

이렇게 할 수 있었던 배경에는 체력강화 프로그램으로 한국 선수들은 엄청난 체력을 가졌고 특히, 지구력과 스피드, 순발력에 있어서 유럽팀을 압도하여 경기 초반부터 중원을 장악하여 경기를 지배할 수 있는 능력이 있었다.

외국인 기자들은 한국 선수의 투지에 관해 경기 시작 5분과 경기 종료 5분 전까지의 움직임이 한결같이 똑같다며 차마 믿을 수 없다는 반응을 보였다. 한국 선수들은 더 갈 곳이 없는 막다른 곳에 몰린 투사 그 자체였다.

특히, 이탈리아전에서 세계 최강의 빗장수비를 무너뜨린 것은 다름 아닌 한국 선수의 포기하지 않는 투지였다. 연장전 안정환의 골든골로 대역전극을 펼친 근원은 선수들의 끈질긴 투지와 근성이었다. 1: 0으로 뒤져 궁지에 몰린 상태에서 패색이 짙던 대표팀에 히딩크는 김태영, 김남일, 홍명보 등 핵심 수비수 3명을 빼고 황선홍, 이천수, 차두리 등 공격수로 교체하는 깜짝 용병술을 발휘하였다.

그 결과 김남일의 포지션인 수비형 미드필더로 내려온 박지성의 눈부신 활약과 설기현의 천금 같은 동점 골로 한국 대표팀 특유의 강인한 근성과 투지를 만들어 내었고 안정환의 골든골까지 이어진 것이다.

한국 선수들은 궁지에 몰리면 몰릴수록 더욱 투지를 불태우고 사력을 다해 위기를 극복해 나갔다.

송종국 선수는 16강전에서 맞붙은 이탈리아팀은 나에게 한계라는 걸 느끼게 했다며 워낙 지쳐있는 상태에서 치른 경기라서 숨이 턱까지 차올라와 당장 쓰러져버릴 것 같았다고 했다. 게다가 연장전까지 들어가 나뿐만 아니라 모든 선수가 죽을 각오로 뛰었다고 했다.

히딩크 감독도 우리 선수들은 젊은 개(Young Dog)처럼 독종으로 싸웠다며 대표팀의 투지를 극찬하였다.

이처럼 한국 선수들은 더 물러날 수 없는 막다른 길에서 죽음을 각오한 전사들처럼 투지를 불태웠고, 상대팀이 강할수록 오히려 더 두려움을 떨쳐내고 투지를 발휘하여 강인하게 싸웠다. 그 결과 포르투갈, 이탈리아, 스페인 등 유럽의 정상급 강호를 차례로 누르고 월드컵 4강이라는 기적을 달성한 것이다.

더 갈 곳 없는 곳에 병사들을 투입하게 되면 죽음을 각오하고 싸우기 때문에 패하지 않는다(投之無所往 死且不北). 죽기를 각오하고 싸우는데 어찌 병사들이 힘을 다하지 않을 것인가(死焉不得士人盡力)

마치 토끼가 여우에게 잡아먹히지 않기 위하여 죽을힘을 다해 뛰는 것과 같이 막다른 곳에 몰린 절박함으로, 생사의 한계도 뛰어넘어 승리할 수 있음을 보여주었다.

따라서 리더는 조직의 사활이 걸린 절박한 경쟁의 장에서 승리를 가져오기 위해서는 더 갈 곳 없는 절박한 상황을 활용하여 조직 구성원의 투쟁심을 끌어내는 계책을 세우는 것도 필요하다.

29.

상산의 뱀, 솔연(率然)과 같이하라

결속력이 강한 조직은 어느 한 부분의 약점으로 인해 절대 허물어지지 않는다. 왜냐하면, 약점은 조직 내의 다른 강점이 즉시 보완하기 때문이다. 조직의 팀워크가 질서정연하면 발생한 약점은 조직 구성원 간에 서로 협력하여 보완할 수 있으므로 조직 전체가 흔들리지는 않는다.

그래서 조직이 위기에 처하면 상하 구성원 모두가 일치단결하여 위기를 극복하려는 조직 내부의 힘과 의지가 하나로 응집하고, 더는 물러날 곳이 없다는 절박함으로 헤쳐 나가면 능히 해결하지 못할 일이 없다.

손자는 용병을 잘하는 자는 마치 솔연과 같다(善用兵者 譬如率然)며 끈질기게 투쟁하는 형상을 솔연에 비유했다. 솔연이란 중국의 상산에 사는 뱀(率然者 常山之蛇也)인데 이 뱀은 그 머리를 치면 꼬리가 달려들고(擊其首則尾至), 꼬리를 치면 머리가 달려들며(擊其尾則首至), 그 중간을 치면 머리와 꼬리가 동시에 합심하여 달려든다(擊其中則首尾俱至)고 한다.

2002월드컵에서 한국 축구의 특징을 꼽으라면 주저 없이 압박이라 할 수 있다. 압박은 선수 상호 간의 협력 플레이에서 나오는 것으로써 상대 공격수가 드리블할 때 우리팀 수비수 서너 명이 동시에 에워싸서 공을 빼앗는 것이다.

상대방의 수비 지역일 경우, 한국팀의 공격수와 미드필더가 한국팀의 수비 지역일 경우 미드필더와 수비수가 압박해서 상대의 공을 찰거머리같이 끝까지 빼앗는 형상은 가히 상산의 뱀, 솔연과 같다.

히딩크는 상대방이 공을 잡았을 때는 모든 선수가 수비수가 되고, 우리팀이 공을 잡았을 때는 모든 선수가 공격수가 되어야 한다는 이른바 토털사커를 강조했다.

2002년 월드컵을 개막하기 두 달 전, 히딩크는 공격수와 수비수를 구분하지 않고 상대 선수를 90분 내내 압박할 수 있는 팀플레이를 주장하였다.

그는 한국이 토털사커라는 현대축구의 흐름을 따라야 한다면서 현대축구, 소위 선진축구는 수비수와 공격수 구분이 없어 공격수도 수비에 적극적으로 참여해야 한다고 했다. 과거에는 공격수가 한 골을 넣고 나면 자기 할 일을 다 했다고 생각하여 나머지는 경기 내내 팀을 위해 뛰지 않았다. 공격수가 공격만 하는 것은 팀 전체에는 마이너스가 되는 것이라 강조했다

그는 상산의 뱀, 솔연처럼 공격수와 수비수가 동시에 상대방을 압박할 수 있게 하려고 최전방 공격수와 최종 수비수 간의 간격을 30m 이내로 한정하고 협력 수비 훈련을 시켰다.

그뿐만 아니라 모든 선수가 여러 개의 포지션을 소화해 낼 수 있는 멀티플레이어로 양성하여 어느 위치에 가더라도 그 역할을 충분히 할 수 있도록 하였다. 그래서 머리를 치면 꼬리도 머리 역할을 할 수 있었다.

특히, 공격진영 오른쪽에서 볼을 빼앗기면 측면 공격수와 우측 미드필더 등 서너 명이 동시에 달려들어 압박하고, 볼을 중앙으로 연결하면 수비형 미드필더와 공격형 미드필더, 측면 공격수가 동시에 달려드는 그물망 같은 압박 전술을 펼쳤다.

상대팀의 공격수가 드리블하여 돌파를 시도하는 지역에는 어김없이 한국 선수 서너 명이 달려들어 강한 압박을 구사하여 볼을 다시 뺏어내는 찰거머리 같은 전술을 펼쳤다.

한국 대표팀은 공격수가 수비하고, 수비수도 공격에 가담하게 하는 등 수비수, 미드필더, 공격수 간의 역할이란 벽을 허물어 멀티플레이 능력을 갖추게 함으로써 상하좌우에서 유기적인 연계가 가능하였다.

미국의 아레나 감독은 변화무쌍한 한국 선수 포지션 변화에 대해 도대체 (故)유상철 선수나 박지성, 송종국 선수의 포지션이 무엇인지 모르겠다고 밝힌 바 있다.

이처럼 한국은 수비수인 홍명보가 공을 몰고 나와 슈팅하는가 하면, 공격수이던 박지성이 어느 순간 수비 지역으로 들어와 수비에 가담하면서 상대 공격의 활로를 끊는 등 변화무쌍한 포지션의 이동이 이루어졌다.

상산의 뱀 솔연(率然)은 중국의 오악(五岳) 중 하나인 상산에 사는 전설상의 뱀이다. 이 뱀은 머리, 꼬리, 허리가 저절로 움직여서 자신에게 닥친 어떤 유형의 위험에도 유연하고 민첩하게 대응한다고 한다.

이런 시스템은 자발적인 협동체계를 갖추고 상하좌우 구성원 모두 일치단결하여 노력하는 효과적이며 통합적으로 작동하는 대응체계라 할 수 있다. 냉정한 경쟁의 시대에 살아남기 위하여 자신이 동원할 수 있는 최대한 많은 수단을 준비하고, 위기가 발생하면 마치 솔연(率然)처럼 모든 수단을 상황에 따라 적극적으로 활용하여야 한다.

무엇보다 중요한 것은 절박함을 인식한 가운데 그 위기를 극복하고자 하는 불굴의 의지를 발휘하여야 살아남을 수 있다.

따라서 위기가 발생할 것에 대비하여 평소에 자신과 조직의 능력을 다양하게 개발하여 대응 수단을 마련하고 조직의 팀워크를 단단하게 다져, 위기 발생 시에는 상하좌우 간 유기적인 협력이 이루어지도록 평시에 훈련하여 대비태세를 갖추어야 한다.

THE ART OF WAR

화공

火攻

조건에 맞게 행동하라

30. 전후에 비류(費留)를 주의하라

화공(火攻)

전반부에는 불로써 공격하는
화공의 종류와 실시요건, 화공의 원리와 원칙을 제시하고
후반부에는 전후에 논공행상(상벌)을 잘하여
쓸데없이 경비만 쓰는 비류(費留)를 예방하고
전쟁에 신중을 기하여야 한다는 점을 설명하였다.

30.

전후, 비류(費留)를 주의하라

중요한 일이 끝나는 시점이면 논공행상(論功行賞)을 한다. 그 일에 이바지한 정도를 따져 포상하는 것이다. 만일 논공행상이 불공평하게 이루어지면 각고의 노력으로 일을 성공시켜 놓고도 오히려 조직력에 균열이 생기는 역효과가 생길 수 있다.

논공행상에 있어서 작은 불만 정도야 없을 수 없지만, 평가 기준은 합리적이고 객관적이어야 한다. 투명성과 함께 구성원이 공감하여야 불평불만을 최소한으로 줄일 수 있다.

그것이 바로 공정한 조직이다. 구성원의 성과와 과오에 따라 가장 적합한 상과 벌을 공정하게 시행해야 조직의 화합이 이루어진다. 상벌의 판단 기준이 명확하지 않으면 그때그때 적용하는 상벌 또한 달라지기 때문에 공정성을 충족하기 어렵다. 그래서 어떤 조직이든 상벌에 관한 기준을 규정하고, 그 기준에 따라 상벌심의위원회를 두어 공정성을 기하고자 노력한다.

손자병법 제1편 시계에서는 5사(道·天·地·將·法)로써 국력배양의 요소로 삼고, 7계로써 상대와 우열을 비교하여 정세를 판단하는데, 7계 중에는 누가 더 상벌을 밝고 공정하게 시행하는지를 판단하는 상벌숙명(賞罰孰明)을 포함한 것과 같이 상벌의 공정한 시행이 매우 중요함을 강조하였다.

또한, 제12편 화공에서는 군주가 전승 후에 논공행상의 중요성을 인식하여야 하는데, 무릇 싸움에서 이기고, 공격하여 성공하고도 그 공적을 포상하지 않으면 흉할 것이니, 이를 일컬어 비류(夫 戰勝攻取 而不修其功者 凶 命曰費留)라 하였다. 여기서 비류(費留)는 쓸데없이 경비만 쓴다는 뜻이다. 따라서 현명한 임금은 이를 고려하고, 훌륭한 장수는 이를 잘 처리(明主 慮之 良將 修之)해야 한다. 전승 후, 포상에 관한 것을 군주와 장수의 책임분야로 지적하면서 현명한 처사에 따라 공정하게 함으로써 쓸데없이 경비만 낭비하여서는 안 된다는 것을 역설했다.

목숨이 오가는 전쟁터에서 치열한 전투를 치른 선봉 병사와 전투에 참여하지 않고 후방에서 대기만 했던 예비대 병사의 전공은 분명 차이가 있다. 그러므로 선봉으로 출전한 전투원과 그렇지 못한 전투원을 똑같이 처우하는 것은 형평에 맞지 않는다.

그러나 전투에서 기대하던 이상의 큰 전과를 거두어 전쟁에서 크게 승리하였다면 비록 선봉의 전투원과 후방 전투원의 기여도는 다르지만, 포상은 큰 차별을 두지 않으며 어느 정도 공평하게 할 수 있다. 물론, 공과에 따라 차등을 두고 포상하는 것이 바람직하고 정상적이지만, 조직 전체의 사기를 높이고 단결에 긍정적 영향을 미치는 것이라면 굳이 작은 부분까지 따져 가면서 큰 차별을 둘 것이 아니라 공평하게 포상하는 것도 바람직하다.

2002년 한일월드컵 4강 신화를 창조한 히딩크 감독과 스태프진, 그리고 선수들에 대한 포상은 적절하게 이루어진 것일까. 기록에 의하면 월드컵에서 단 1분이라도 그라운드를 밟아본 선수는 18명이었다. 월드컵 기간 동안 풀타임 출장을 한 선수도 있고, 선수별로 각각 다른 출장 시간을 기록하여 차이가 많다. 심지어 한 번도 출장하지 않은 선수도 다섯 명이 있다.

아울러 골과 어시스트를 기록한 선수는 불과 몇 명뿐이다. 그래서 사실상 한국팀 4강 진출에 기여한 개개인의 공로는 천차만별이다. 대한축구협회는 이사회에서 최초 3등급의 포상금 차등 지급 방안을 의결하였다. 그러자 선수단 내에서 반발이 일어났고, 그런 협회에 대하여 여론이 비판적이었다.

이에 정몽준 회장은 월드컵에서 좋은 성과를 내고도 사소한 일로 문제를 만들지 않겠다며 부회장단과 협의 끝에 23명의 선수 전원에게 월드컵 개막 이전에 약속하였던 4강 포상금 3억 원을 지급하기로 하였다.

마치 손자가 무릇 싸움에서 이기고 공격을 성공하고서도 그 공적을 포상하지 않으면 흉할 것(夫戰勝攻取 而不修其功者 凶)이라 경고한 바와 같이 현명하게 판단하였다.

그러면서도 축구협회에서는 선수의 활약도에 따른 포상금의 차등지급은 협회의 원칙이며 이는 앞으로도 고수할 것이나, 이번 월드컵에서는 4강을 이룬 만치 축구협회만의 일이 아닌 전국민적 경사이기 때문에 특별하게 고려하였다고 발표하였다.

원칙은 기여도에 따른 논공행상이라는 점을 분명하게 하면서도 이번 결정은 특별한 경우에 한하는 것으로 못 박은 축구협회의 지혜로운 발표는 매우 적절했다.

다만, 아쉬운 점은 차등지급 방침을 밝히기 전에 월드컵 4강 진출은 전 국민적 경사라는 점을 충분히 고려하여 전원 포상으로 결정했더라면 차등지급 방침 발표로 소외되었던 일부 선수들의 마음에 상처를 내지는 않았을 것이다.

신상필벌할 때는 명확한 근거와 기준을 바탕으로 해야 한다. 그 근거와 기준에 따라 판단한 공적에 의해 차등 적용하는 것이 표준이어야 공정함을 유지하는 길이다. 다만, 아주 특별한 경우에는 모두에게 이익인 방향으로 융통성 있게 적용함으로써 포상으로부터 소외받은 사람의 불평불만이 없도록 배려하는 것도 조직 단결을 위해 중요하다.

마치 6.25 전쟁 당시 충북 음성의 동락리 전투에서 북한군 15사단 48연대를 섬멸시켰던 승리의 주역인 국군 제6사단 7연대가 이승만 대통령으로부터 부대표창을 받고, 건군 이래 최초로 연대의 모든 장병이 1계급 특진의 포상을 받았던 것과 같다. 물론 연대 전 장병의 공적이 같지 않았을 것이라는 점은 누구나 알 것이다.

다만 당시 국군은 개전 이후 지속적으로 북한군 공세에 밀려 후퇴를 거듭했는데, 가뭄에 단비 같은 승전을 거둠으로써 국군의 사기를 드높였던 공적을 포상하였다. 이처럼 포상과 벌은 조직의 질서를 유지하고, 단결력을 유지하는 수단으로써 선명해야 한다.

리더는 장기적인 안목에서 그것을 가볍게 여기거나 소홀히 할 경우, 오히려 조직에 큰 손실을 주게 됨을 인식하여 각별하게 유의해야 한다. 그래서 손자는 쓸데없이 경비만 낭비하는 비류(費留)를 예방하기 위하여 임금과 장수가 그것을 잘 고려하고 현명하게 처리해야 한다고 했다.

THE ART OF WAR

용간

用間

정보전에서 이겨라

31. 상대에 대한 정보를 파악하라

용간(用間)

정보활동의 중요성과 그 주요 수단(첩보원의 다섯 가지 유형) 및
필수조건을 제시하여 정보활동의 목적과
대상 및 보안 유지를 강조하고,
첩자를 활용하여 적에 대한 정보의 수집,
적의 혼란과 교란으로 전쟁의 승패를
가름한다는 점을 제시하였다.

31. 상대에 대한 정보를 파악하라

현대 사회의 화두는 정보이다. 우리는 현재 AI, IoT, 크라우드, 빅데이터, 모바일 등 초지능의 첨단정보통신기술로 초연결, 초고속으로 이루어지는 4차산업혁명시대에 살고 있다. 이러한 사회에서 상대보다 양질의 정보를 많이 획득하여 관리하는 자는 승리하고, 정보에 어두운 자는 실패한다.

정보란 바로 성공의 키워드이다. 정보의 양이 많고 적음의 문제가 아니라 얼마나 정확하며 적시적인가의 문제이다. 아무리 귀중한 정보라 하더라도 사용하기에 유용하지 않거나 사용해야 할 때가 늦은 정보는 아무짝에도 소용이 없기 때문이다.

우리가 한 번쯤은 보았을 법한 영화 〈명량〉과 〈한산〉에는 탐망꾼으로 등장하는 임준영이라는 군관이 있다. 이순신 장군의 《난중일기》에서 1597년 9월 14일, '날은 맑았으나 북풍이 세게 부는데 임준영이 육지를 정탐하고 달려와서 말하기를 왜선 55척이 벌써 벌써 어란 앞바다에 들어왔다' 라고 기록하였다.

이 정보를 바탕으로 이순신 장군은 벽파진에서 전라우수영으로 본진을 옮기고, 명량의 협소한 수로(지금의 해남군 학동리와 진도군 녹진리 사이 좁은 해협)에서 결전하여 전선 13척으로 왜선 133척을 무찌른 '명량대첩'의 위업을 달성하였다.

이처럼 역사에서 증명한 바와 같이 전쟁영화나 사극, 첩보영화 등 국가 간 또는 조직 간의 치열한 경쟁과 대립이 있는 곳에 어김없이 등장하는 것이 스파이(첩보원, 간첩, 밀정 등)이다.

불확실한 상대에 대한 정보를 하나라도 더 많이 획득하여, 경쟁의 우위를 차지하기 위한 필수불가결(必須不可缺)한 것이 바로 용간(用間) 즉, 첩보원 운용이다. 그래서 지금으로부터 약 2,500여 년 전인 춘추시대에도 정보원을 운용하지 않는 곳이 없다(無所不用間也)고 손자는 말했다.

경쟁 상대와 여러 해 동안 서로 치열한 경쟁과 대치를 하다가 끝내는 생존이 달린 한 번의 결전으로 승패를 결정한다. 그 경쟁에서 이기기 위해서는 상대의 정보를 파악해야 하는데 첩보원에게 주는 직위나 비용을 아끼려 파악하지 않는다면, 어리석은 처사이자 리더의 자격이 없다는 것을 손자는 마지막, 제13편 '용간(用間)'에서 강조했다.

그는 수년 동안 서로 대치하다가 결국에는 하루의 승패를 다투게 되는데(相守數年 以爭一日之勝), 첩보원에게 줄 관직이나 녹봉이 아까워서 적정을 살피지 않는다면 그것은 어질지 못함의 극치이니(而愛爵祿百金 不知敵之情者 不仁之至也), 장수가 될 자격이 없고(非人之將也), 전쟁에서 승리의 주인공이 될 자격도 없다(非勝之主也)고 했다.

대한축구협회에서는 2002월드컵을 개최하기 1년 반 전부터 과거의 여느 월드컵 준비에서도 볼 수 없는 사상 최고의 비용을 투자하여 준비하였다.

특히, 한국이 월드컵에서 1승을 하고, 16강에 들기 위해서는 반드시 넘어야 할 산인 유럽 축구에 정통한 감독이 필요했다. 그래서 히딩크를 감독으로 선임하는데 기존의 국내 대표팀 감독이 받았던 연봉과는 비교도 할 수 없을 정도의 파격적인 연봉을 제공하였다. 여기에 더하여 감독의 숙소와 차량, 활동비 지원 등을 다 포함하면 훨씬 많은 비용을 투자하였다고 알려져 있다.

아울러 그가 동반한 스태프진인 핌 베어벡 코치, 얀 룰프스 기술분석관, 아프신 고트비 비디오 분석가 등을 운용하는 데에도 꽤 많은 비용을 투자하였다.

그런 대한축구협회의 노력을 평가하자면 비록 수백억 원의 거금은 들었지만, 유럽 축구에 대한 면역력을 기르면서 상대국에 대한 정보를 세밀하게 수집하여 월드컵 4강에 진출하는 역사적인 성과를 거두고 FIFA에서 배당된 상금까지 받을 수 있었으니, 결코 손해는 아니었다.

손자는 현명한 임금과 장수가 군대를 움직이기만 하면 적을 이겨서(名君賢將 所以動而勝人) 성공이 남보다 훨씬 더 뛰어난 것은 적보다 먼저 알기 때문(成功 出於衆者 先知也)이라 했다.

적보다 먼저 정보를 알아내는 것은 어떤 사실에 대한 피상적인 판단이나 계산 법칙에 따라 추론할 수 있는 것이 아니고, 반드시 사람에게서 적에 관한 정보를 알게 된다고 하여 인간 정보를 쓰는 것을 강조하였다.

히딩크가 이끄는 한국 대표팀이 유럽의 강호를 연신 격파하면서 사상 최초로 월드컵 4강에 진출한 배경에는 상대보다 먼저 좋은 정보를 많이 획득했기 때문이다. 핌 베어벡 코치, 얀 룰프스 기술분석관, 아프신 고트비 비디오 분석가 등 전문가를 총동원하였다.

특히, 고트비 분석관은 월드컵 D조 상대국의 경기를 일일이 비디오에 담아 분석하고, 분석한 결과를 히딩크 감독과 선수들에게 제공하여 대표 선수가 상대방의 강·약점을 파악하는데 크게 공헌하였다.

이뿐만 아니라 대한축구협회는 월드컵에서 맞붙게 될 상대국의 전력을 분석하기 위해 해당 국가의 경기가 있는 곳마다 축구협회 관계자나 코치진을 파견하여 상대국 전력과 관련된 각종 정보를 파악하기 위해 각고의 노력을 다했다. 그리고 선수들의 처우 개선과 전력 강화를 위한 비용에도 과감한 투자를 하였다.

한편, 히딩크는 친구인 세스 반 유엔 후이젠 씨를 활용하여 유럽의 D조 국가의 훈련 상황과 전술적 강 · 약점에 관한 정보를 수집하였다. 특히 폴란드 대 에스토니아전, 포르투갈 대 브라질전 등 히딩크 감독이 대표팀의 일정 때문에 직접 관전하지 못하는 경기에 대해서는 후이젠 씨가 직접 현장에서 히딩크가 요구하였던 필요한 정보를 수집해 보내주었다.

히딩크는 네덜란드 축구계의 개인 네트워크를 통해 늘 D조 국가의 동향을 파악하고 있다고 말해 왔는데, 그 임무를 수행해 온 첩보원이 바로 후이젠 씨를 포함한 히딩크의 인적 네트워크였다.

손자가 말한 오간(五間)은 향간(鄕間), 내간(內間), 반간(反間), 사간(死間), 생간(生間)에 해당한다. 향간은 적국의 주민을 활용하는 것이고, 내간은 적국의 관리를 활용하는 것이며, 반간은 적의 정보원, 즉 이중 첩자를 활용하는 것이고, 사간은 거짓 사실을 꾸며서 우리 측 정보원이 이를 알아내어 적의 정보원에게 알리는 것인데 이는 밝혀지면 죽게 되는 것이다. 마지막으로 생간은 살아 돌아와서 보고하는 것이다.

이러한 오간 중에서 후이젠 씨가 유럽 지역인 네덜란드에 살면서 유럽 D조 국가의 모든 경기를 관전하여 필요한 정보를 수집하였으니 적국의 주민을 활용한다는 향간(鄕間)으로 봐도 크게 무리는 없을 것이다.

손자는 또한 정보활동이 미처 시작도 하기 전에 그 소문이 들리면 해당 간첩과 함께 그 소문을 말한 모든 사람을 죽여야 한다(間事 未發而先聞者 間與所告者 皆死)면서 정보원과 정보수집의 노출 방지 즉, 작전보안을 크게 강조하였다.

2002월드컵에서는 그 어느 때보다 더욱 치열한 정보수집 활동과 보안, 그리고 고도의 심리전을 전개했다. 상대방 훈련 캠프에 자국의 기자나 정보요원을 침투시키는가 하면, 온갖 거짓 정보를 흘려 상대방의 판단을 흐리게 하였다.

특히, 언론에 공개하는 훈련은 스트레칭, 패스워크, 슈팅 등의 기초적인 훈련만 하고 철저하게 비밀에 부친 비공개 훈련에서만 전술훈련을 하였다. 또한 기자들의 질문 공세에도 불구하고 부상선수의 상태나 엔트리 구성, 전술적인 훈련 내용에 대한 일체 언급하지 않는 등 언론에 정보유출을 방지하기 위하여 각 대표팀은 숱한 노력을 하였다.

손자는 현명한 임금과 장수가 가장 지혜롭고 총명한 자를 뽑아 간첩으로 운용한다면 반드시 큰 공을 세우게 될 것(名君賢將

능이상지 위간자 필성대공
能以上智 爲間者 必成大功)이라 하였다.

2002월드컵에 출전한 한국 대표팀은 사상 유례없는 최고의 전문 기술위원을 구성하여 D조 상대국의 평가전과 훈련을 일일이 점검하면서 그들의 전술적 특징과 전력 현황에 대한 정보수집 활동을 매우 적극적으로 전개하였다. 앞에서 말한 바와 같이 히딩크의 사적 인맥까지 총동원하여 유럽의 상대국에 관하여 정보를 수집하는데 많은 공을 들였다.

그래서 대표 선수는 상대 성향과 특징을 세세하게 파악하여 경기에서 활용함으로써 월드컵 4강 신화를 이룩할 수 있었다.

현대전을 정보전(情報戰)이라 할 때 정보 우위를 달성하기 위해 적국의 정보수집 수단과 방법 등 정보 체계를 교란 · 파괴하여 자국의 정보 및 정보 체계를 보호하고, 적국의 정보에 대해서는 온갖 수단과 방법을 가리지 않고 수집하여 활용하려는 제반 활동을 말한다.

이것의 의미는 자신은 상대에 대한 정보를 수집하여 손바닥 들여다보듯이 훤히 보고 있으면서, 상대의 정보수집은 차단하여 마치 시각장애인과 청각장애인으로 만든 후 싸우는 것이었다. 적의 형태를 드러나게 하고, 나의 형태는 드러나지 않게 하는 것(形人而我無形)과 이겨 놓고 싸운다(先勝而後 求戰)라는 형상을 일컬음이라 볼 수 있다.

나가는 말

이 책은 우리나라 축구 역사상 가장 빛났던 2002년 한·일 월드컵의 영광을 회고하면서 지금까지 숱한 노력에도 불구하고 이루지 못하였던 한국 축구의 오랜 숙원을 해결하였던 히딩크라는 걸출한 영웅 한 사람과 그가 이끌었던 대표팀 선수단이 일궈낸 과정을 조명하면서 전략·전술의 최고봉에 있는 손자병법을 통해 해석해 본 데 그 의의가 있다.

히딩크는 우리나라에 만연하였던 학연·지연·혈연에 의한 선수선발의 폐습적인 관행을 타파하고 언론이나 축구협회에서 간여하려던 시도를 차단한 가운데 자신에게 부여된 전권을 행사하여 오롯이 감독 자신의 기준으로 직접 선수를 선발하였고, 과학적인 프로그램으로 훈련하였으며 자신의 전략·전술적 식견과 철학에 따라 축구 전술을 구사하여 변방의 오지였던 대한

민국의 축구를 세계의 중심으로 우뚝 세웠다.

그 위대한 성취와 기적을 단지 감탄만 하고 넘어갈 일이 아니라는 생각과 그간 리더십이나 경영학 측면에서는 이미 수많은 책자나 리포트가 나왔지만, 그런 접근방식이 아닌 한 나라의 존망이 걸린, 전쟁에서의 전략·전술적 관점에서 동서고금의 최고 책략서인 손자병법을 통해 해석해 보았다.

손자병법 제1편 '시계'로부터 제13편 '용간'에 이르기까지 한 글자 한 글자마다 숨어있는 깊고 깊은 뜻을 감히 다 헤아리지는 못하지만, 히딩크가 대표팀 감독으로 부임하면서부터 월드컵 4강의 신화를 이루어 내는 과정에서 손자병법을 적용하여 풀이해 낼 수 있는 사례를 최대한 다루어 보려고 애썼다. 하지만 관련 사례는 언론이나 각종 자료를 통해 널리 알려진 것 외에는 저자의 입장에서 파악하는데 제한이 있어서 모든 사례를 손자병법으로 망라하지 못하였다.

다만, 히딩크와 대표팀의 사례와 연관된 손자병법의 핵심 구절이나 주요 내용은 최대한 제시하였고, 대표팀이 이루어 낸 그 영광의 과정을 손자병법과 연관하여 재미있게 풀이해 보려는 노력은 나름 하였다고 생각한다.

들어가는 말에서 언급했던 바와 같이 우리가 살아가는 이 세상은 함께 더불어 살아가는 것이지만, 그 과정에서 개인이든 조직이든 경쟁은 피할 수 없다. 이에 독자 중 단 한 사람이라도 이 책을 읽고 전략·전술적 식견을 가져 자신의 삶에 도움이 된다면 그 자체로 의미가 있을 터이다.

따라서 히딩크의 2002년 월드컵 축구 이야기와 손자병법의 전략 · 전술에 대하여 독자들이 재미있게 읽고 받아들여 지혜로운 삶을 위한 아이디어를 얻었으면 한다.

끝으로 독자 여러분의 행복을 기원한다.

2023년 12월에

한 해를 돌아보며

박찬웅

히딩크 리더십과 손자병법

1판 1쇄 인쇄 | 2023년 12월 22일
1판 1쇄 발행 | 2023년 12월 28일

지은이 | 박찬웅
펴낸이 | 김경배
펴낸곳 | 시간여행
디자인 | 디자인[연:우]
등 록 | 제313-210-125호 (2010년 4월 28일)
주 소 | 경기도 고양시 덕양구 지도로 84, 5층 506호(토당동, 영빌딩)
전 화 | 070-4350-2269
이메일 | jisubala@hanmail.net

종 이 | 화인페이퍼
인 쇄 | 한영문화사

ISBN 979-11-90301-30-5 (03390)